这些事，不用别人告诉你！

赵 凡◎编著

九州出版社
JIUZHOUPRESS

图书在版编目（CIP）数据

这些事，不用别人告诉你/赵凡编著．—北京：九州出版社，2010.3

ISBN 978-7-5108-0346-8

Ⅰ.①这…　Ⅱ.①赵…　Ⅲ.①成功心理学—青少年读物

Ⅳ.①B848.4-49

中国版本图书馆 CIP 数据核字（2010）第 031915 号

这些事，不用别人告诉你

作　　者　赵　凡　编著
出版发行　九州出版社
出 版 人　徐尚定
地　　址　北京市西城区阜外大街甲 35 号（100037）
发行电话　(010)68992190/2/3/5/6
网　　址　www.jiuzhoupress.com
电子信箱　jiuzhou@jiuzhoupress.com
印　　刷　九洲财鑫印刷有限公司
开　　本　787 毫米×1092 毫米　16 开
印　　张　20
字　　数　300 千字
版　　次　2010 年 5 月第 1 版
印　　次　2010 年 5 月第 1 次印刷
书　　号　ISBN 978-7-5108-0346-8
定　　价　39.00 元

前言

FOREWORD

年轻的生命是一块未经雕琢的璞玉，我们要用心去塑造一个完美的人生。

青少年时期是一个从幼稚走向成熟的过渡期，是一个朝气蓬勃、充满活力的时期，是一个开始由家庭更多地迈进社会的时期，同时也是一个变化巨大、面临多种危机的时期。怎样才能成为一个出类拔萃的人，是我们每个人都关心的问题。面对挫折，我们该如何奋起；面对困惑，我们该何去何从；面对诱惑，我们该如何抵制……一个独立、负责的青少年应该对这些心中有数。

本书共分为十二章，第一章讲努力学习，教你如何创造条件更有效地学习；第二章讲与父母的关系，让你理解父母做个懂事的孩子；第三章讲失败的意义，那将使你今后的道路越挫越勇；第四章讲小事的重要性，让你走好人生的每一步；第五章讲友谊，告诉你如何善待朋友做个合格的朋友；第六章讲用成熟的心态明辨是非，让你知道什么该做什么又不该做；第七章讲述怎样克服缺点，让你做最好的自己；第八章讲把握分寸，告诉你怎样做个自律的人；第九章讲节约，教你做一个懂得节约与生活的人；第十章讲正直，让你做一个明辨是非正义的人；第十一章讲明确，它会告诉你做一个有明确目标的人才可以取得成功；第十二

章讲激发潜能，让你永远可以不断地挖掘自我。

在此书中，我们可以感悟到人生的哲理，锤炼思想品格，保持精神追求，规范思想行为，学会自信自强，做一个品德高尚的人，走好人生成长的道路。广大青少年要在学习和实践中，结合自身实际，坚持学以致用，学习新知识，掌握新技能，增长新才干，攀登新高峰，做一个大有作为的人。

青少年朋友们，成才之路是希望之途，是创造之径。让我们行动起来，在美妙的青少年时代，在美好的青春岁月，刻苦努力，丰富自我，伴随着中华崛起的前进步伐，共享着和谐发展的时代成果，成长、成才、成功！

我命由我不由天！每个人的命运都掌握在自己的手中。青少年朋友，不要犹豫了，努力去做吧！

第一章

努力学习，做勤奋的学生

毋庸置疑，学生的任务就是努力学习。然而在实际生活中，很多学生会因为各种各样的原因不能做到这一点，他们或是因找不到合适的学习方法而灰心失望，或是因找不到让自己努力的理由而一次又一次地放纵自己，在虚幻的生活中麻痹自己。作为青少年，我们应该知道其实学习和工作一样，没有任何捷径可走，每门功课都需要我们不懈地努力。如果我们能找到适合自己的好方法，就能在学习中得到快乐并获得成长。

第二章 理解父母，做懂事的孩子

古人曰："羊有跪乳之恩，鸦有反哺之义。"意思就是动物界尚有对母亲的感恩之情，更不用说人类了。现代社会，我们更需要尊重父母，感恩父母。阎维文的一曲《母亲》唱得好："不管你走多远，不管你官多大，什么时候都不能忘咱的妈。"这质朴的语言，深沉的感情，感动了多少人啊！的确，无论我们有多大的年纪，无论我们有多高的官职，在父母眼中，我们永远是长不大的孩子。正如老人们常说的一句话：养儿一百年，常忧九十九。不错，父母对儿女的责任，只有当他们长眠于地下之时，才能得以解脱！所以，青少年要学会理解父母，用自己的行动让父母放心，而不仅仅是停留在口头上。

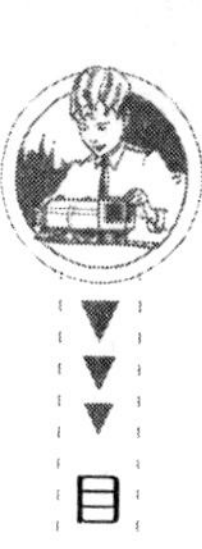

第三章

坚定意志，做生命的强者

你见过巍巍的昆仑吗？其直指苍天、万鸟难越的气势是否令你敬仰？可谁知道，在远古的造山运动中，它经历过摧心裂骨、熔岩石浆的煎熬？你见过搏击苍穹的雄鹰吗？其傲视大地挺立风雪的气质是否令你倾慕？可在这之前，它是怎样地在雷电交加的夜晚、北风凛冽的寒冬苦练飞翔？它们，都是生命的强者！它们，都在千锤百炼中成为烈火金刚，成为展翅凤凰。

作为青少年，面对生命的强者，我们除了仰慕、敬佩，更应从中汲取力量，然后把要做强者的理念融入其中，使自己成为强者。

第四章 认真做事，做个细心的人

一家公司正在招聘，等待面试的人中大部分都是研究生，而小张只上了二本，他觉得自己可能没什么希望了。出人意料的是前面那些人都没被录取。轮到小张了，他走进考场大门时，看到地上有一个纸团，便顺手捡起来扔进了垃圾桶。然而想不到的是，考官对他说："请你把那纸团拿出来看看。"小张迷惑不解，但还是拿出来打开了，只见上面赫然写着："恭喜你被我公司录取！"考官说："你虽然学历低点，但对生活很认真细致，所以我们录用你。"

认真、细心是一种习惯和风格，是成功必备的素质，所以，青少年朋友，不管做什么事情，都要认真对待，做个细心的人，说不定你也会像小张一样，得到幸运女神的眷顾。

第五章 善待同学，做合格的朋友

助人者人恒助之。你怎样对待别人，别人就会怎样对待你；你怎样对待生活，生活就会怎样对待你。善良作为人们最美好的品质永远闪耀着人性的光辉！一个与人为善、从善如流的人总是会受到人们的称赞和尊重。当我们呼吁人与人之间要互相理解、互相尊重时，我们自己是否能够尊重别人，有善意理解他人的愿望呢？不要忘记，我们希望自己周围的人多些爱护、多些同情心时，我们自己也同样是“周围人中的一个”。如果你能够做到善待身边的每一位同学，相信同时你也会得到他们的真心。生活需要真诚，幸运总是青睐那些对别人怀有真挚爱心的人。有句话说得好：“幸福并不取决于财富、权力和容貌，而是取决于你和周围人的相处。”你想做个幸福快乐成功的人吗？那么就从善待他人开始吧！

第六章 善恶分明，抵御不良诱惑

如今的社会，经济发展越来越迅速，物质生活也有了很大的提高，但是随之而来的是各种诱惑的升级，很多人为了一些物质上的享受，不惜做违法犯罪的事情，导致暴力事件屡见不鲜，犯罪呈现低龄化。青少年正处于人生奋斗的最初阶段，是把握美好前程的起点，但是这个阶段也会有很多的诱惑，而且青少年抵御诱惑的能力又比较弱，所以一定要把握好自己，抵御各种不良嗜好的诱惑，争取成为有理想、有文化、有目标的好青年。

第七章 克服缺点，做最好的自己

人之所以成为万物之首，是因为我们知道自己的缺点，并且大多数人都有改正的愿望，我们希望自己可以做到最好，发挥自己所

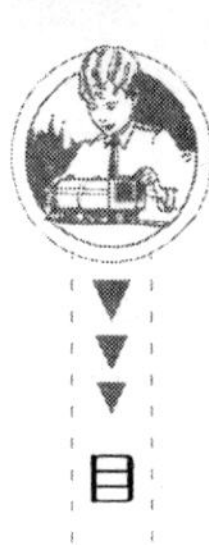

有的潜力。对于成长过程中的这些缺点，有的人改得及时，而有的人等到他发现的时候，缺点已经定型了，需要很大的毅力才能改掉。缺点发现得越早，改得越及时，你就越有潜力。所以，我们需要及时克服缺点，做最好的自己。

第八章
把握分寸，学会自我管理

青少年时期自我控制能力还比较弱，往往很容易走歪路，这个时期必须要好好听从家长和老师的指导，不要有倔强的逆反心理，遇到事情要及时向身边的亲人朋友讲，让他们为你分担一些，这样不仅让你懂得与别人沟通的好处，也能让你走上最正确的道路。同时我们也要善于管理自己，提高自控能力，让自己在每一次的诱惑当中不动摇，把握分寸，坚守信念。

第九章 懂得节俭，杜绝攀比风气

节俭是我们中华民族几千年来一直提倡并保持下来的传统美德，我们的先辈在创造了灿烂文明的同时，也从历史的变迁、世事的兴衰中认识到了节俭的必要性。从提出“惰而侈则贫，力而俭则富”的管仲到告诫“俭节则昌，淫逸则亡”的墨子；从主张“强本而节用，则天不能贫”的荀况到写下“历览前贤国与家，成由勤俭败由奢”的李商隐；从《朱子家训》到曾国藩家书，不论在哪个朝代，节俭总是被看做持家立业之根本，安邦定国之保证，一种应该代代相传的美德。两千多年前的《左传》中就有“俭，德之共也；侈，恶之大也”的论述。

生活节俭是一个人良好的个人修养的体现。三国时诸葛亮曾在《诫子书》中说过：“静以修身，俭以养德。”这正体现出节俭对于提高自身道德修养的重要作用。事实上，自古以来，凡品德高尚者，大都注意勤俭节约。节俭是一种优秀的品德，它磨炼我们的意志，使我们受益终生。

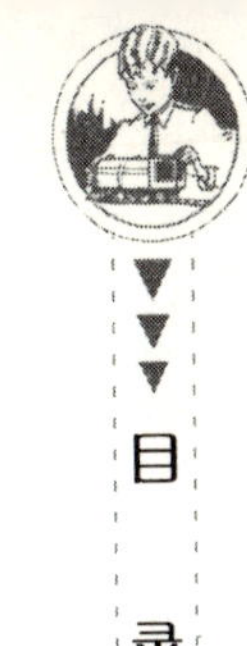

第十章 摒弃偏见，做人光明正直

你是否曾犯过以貌取人、凭第一印象就过早下定论的错误？这就是偏见。社会刻板印象（人们对某类人的固定看法）、晕轮作用（以偏概全）、先入为主、自傲或自卑都能导致偏见。具有偏见心理的人，常难于待人处世，给社会交往和人际关系带来影响。偏见往往是错误的认识，是我们应该摒弃的。

树要根好，人要心好，做人要光明，做事要坦然。堂堂正正才是处世之基，立足之本。己不正，何以正人？身正才能安魂梦稳，品行端正，做人才有底气，做事才会硬气。心底无私天地宽，表里如一襟怀广。正直的人做事不文过饰非，不偷奸耍滑，不阳奉阴违。平等待人，公平做事才会赢得他人的信赖和尊敬。

第十一章
明确自己，不做无头苍蝇

列夫·托尔斯泰曾经说过："要有生活目标，一辈子的目标，一段时期的目标，一个阶段的目标，一年的目标，一个月的目标，一个星期的目标，一天的目标，一个小时的目标，一分钟的目标。"

一句话，人生要有目标，人活一世奔波的方向就是这个目标。生活的目标和理想要尽量远大，因为生活的目标和理想就是理想的生活。目标于人有多重要？没有目标，新的生活无从开始，奋斗也只能是在原地打转。同时，还要树立正确的目标，一旦树立了不正确的目标就要学会即时纠正，否则就会在"错误"的道路上越走越远。目标的实现需要周密的部署和筹划，因此要将人生最远大的目标详细分解后，立即行动起来，为实现各个目标而奋斗！记住：实现目标需要科学的方法！

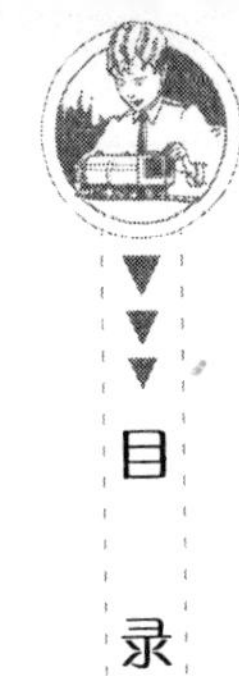

第十二章

发散思维，激发无限潜能

发散思维是指大脑在思维时呈现的一种扩散状态的思维模式。具有这种思维习惯的人在考虑问题时一般会比较灵活，能够从多个角度或多个层次去看问题和寻求解决问题的方法。它表现为思维视野广阔，思维呈现出多维发散状。

发散思维作为一种极具创造力的思维活动，使我们在思维过程中不受任何框框的限制，充分发挥探索力和想象力，从标新立异出发，突破已知领域，无一定方向和范围，从一点向四面八方想开去，然后，再把材料、知识、观念重新组合，以便从已知的领域，去探索未知的境界，从而找出更多更新的可能答案、设想或是解决办法。发散思维可以激发人的无限潜能。

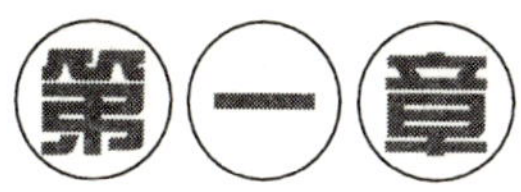

第一章

努力学习，做勤奋的学生

毋庸置疑，学生的任务就是努力学习。然而在实际生活中，很多学生会因为各种各样的原因不能做到这一点，他们或是因找不到合适的学习方法而灰心失望，或是因找不到让自己努力的理由而一次又一次地放纵自己，在虚幻的生活中麻痹自己。作为青少年，我们应该知道其实学习和工作一样，没有任何捷径可走，每门功课都需要我们不懈地努力。如果我们能找到适合自己的好方法，就能在学习中得到快乐并获得成长。

最大限度地利用学校资源

学校不仅仅是老师讲授知识学生接受知识的地方，它还有很多的资源可以被我们利用，比如图书馆、计算机房，甚至于周围的学生朋友和老师都是我们提高学习成绩最好的资源。图书馆里有丰富的书籍可以让我们获得更多的课外知识，让我们的学习生活不再枯燥；而计算机可以让我们了解最新的知识以及国内外大事，要知道“两耳不闻窗外事，一心只读圣贤书”的时代早已经落后了；另外当我们遇到疑惑时应与周围的朋友商量以共同解决问题，要保持谦虚的态度，作为青少年我们要很清楚“三人行必有我师”这一古人教我们的道理。

比尔·盖茨小时候最喜欢做的事就是到学校的图书馆反复看《世界图书百科全书》。他经常几个小时地连续阅读这本几乎有他体重 1/3 的大书，一字一句地如饥似渴地看。他常常陷入沉思，冥冥之中似乎强烈地感觉到，小小的文字和巨大的书本里面蕴藏着多么神奇和魔幻般的一个世界啊！文字的符号竟能把前人和世界各地人们的有趣的事情记录下来，又传播出去。他又想，人类历史将越来越长，那么以后的百科全书不是越来越大而更重了吗！能有什么好办法造出一个魔盒，能包罗万象地把一大本百科全书都收进去，该有多方便。这个奇妙的思想火花，后来竟给他实现了，而且比香烟盒还要小，只要一块小小的芯片就行了。

1969 年，盖茨所在的西雅图湖滨中学开设了电脑课程，这是美国最早开设电脑课程的学校。当时还没有 PC 机，学校只搞到一台终端机，还是从社会和家长那里集了大批资金才买来的。这台终端机连接其他单位所拥有的小型电子计算机 PDP—10，每天只能使用很短的时间，每小时的费用也很高。盖茨像发现了新大陆一样，只要一有时间，便钻进计算机房去操作那台终端

机，几乎到了废寝忘食的地步。13 岁时，他便独立编出了第一个电脑程序，可以在电脑屏幕上玩月球软着陆的游戏。这一年的 7 月 20 日正好是美国宇航员阿姆斯特朗和奥尔德林乘登月舱，代表人类第一次踏上了月球表面的日子。盖茨心里想，我不能坐宇宙飞船去月球，那么让我用电脑来实现我的登月梦吧！

可是好景不长，只过了半年，湖滨中学就再也没有钱支付昂贵的 PDP—10 小型计算机的使用租金了。这件事使盖茨像失去了上学机会那么痛苦，因为这时候他对电脑已经入迷到神魂颠倒的地步。于是他和同学四处奔走，终于找到一个机会，就是帮助一家名为 CCC 的电脑公司抓臭虫，用除虫的报酬来支付他们操作电脑的费用。什么叫臭虫？这是电脑行业里人们称呼软件中的错误的代名词，即讨厌的臭虫（Bug）。因为一旦有了这种臭虫，就会使电脑导出错误结果或死机。美国发往金星的水手号火箭和法国职阿里亚娜火箭，就曾因为电脑软件的故障（臭虫）而使发射失败，损失几亿美元。每天晚上 6 点左右，CCC 公司员工下班之后，盖茨他们便骑自行车来到那里上班了。那里有许多台电传打字终端机可用，有各种电脑软件可尽情研究，真是如鱼得水。盖茨对电脑软件太着迷了，几乎整晚都待在那里，就像他在小学时就立志要搞出新名堂一样地执著，每个晚上，他都要在 CCC 公司的记录本上写满他和伙伴们发现的一个个电脑臭虫。通过这一段时间的抓臭虫，盖茨在电脑硬件和软件方面学到了许多书本上和学校里学不到的知识和技能，为日后的研究开发，打下了精深的功底。

从比尔·盖茨的成长经历中我们可以看出，学校图书馆和最初开设的计算机课程是他梦想起飞的最初的地方，为比尔·盖茨以后的发展之路奠定了坚实的基础。

马克思一生博览群书，与图书馆有着不解之缘。为写作《资本论》，他整天泡在图书馆里，研究了 1500 多种书籍，光笔记就写了 100 多本。学校的图书馆为我们提供了丰富的学习资源，我们应向马克思学习，一定要好好利用它，不断增长自己的知识，扩展我们的视野。

作为青少年的我们，应该充分利用学校的各种资源，努力学习，相信你定会找到自己的兴趣和目标，并激励自己不断前进，最终走向成功。

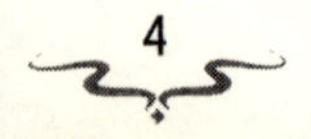

厚积薄发，从课堂知识开始

老师在课堂上讲授的内容是青少年获得知识最主要的途径，这一环节我们一定要把握好，千万不可马虎了事。如果在课堂上我们没有很好地听取老师讲授的内容，那么我们可能要花上更多的时间来弄清楚老师讲的内容，而其他的同学早已经开始了下一节课的预习，结果可想而知。

相传，古时有个画家，喜欢画虎。一次，他刚画成一个虎头，有位朋友请他画匹马，画家顺笔一挥，在虎头下面添上了马身。朋友问他："你画的是马还是虎?"画家答曰："管它是什么，马马虎虎!"朋友生气而去。

画家把这幅画挂在墙壁上。他的大儿子问道："爸爸，上面画的是什么呀?"画家漫不经心地答道："是马。"

二儿子见了也问他，画家又随便答道："是虎。"

两个孩子遂马虎不辨。一日，大儿子遇到老虎，以为是马，想骑它，结果被虎吃掉；老二碰上一匹马，却以为是虎，拉弓将马射死。于是，人们便送给画家一个外号"马虎先生"。传说这就是"马虎"一词的由来。

青少年朋友在日常的学习中千万不可以马虎，尤其在上课的时候一定要认真听讲，能吸收的我们尽量就在课堂上吸收，那么学校生活对于我们来说应该是轻松和快乐的。

课堂是我们学习新知识的重要途径，跟随老师的指引，能快速地理解和接受课本知识。一些同学轻视教材，认为课本简单枯燥，其实这是错误的看法。课本知识是基础，得法于课内，才能应用于课外。俗话说"万变不离其宗"，无论什么试题，都是从课本内的各个知识点串联成的，落脚点仍是教材知识。把课本学精吃透，夯实了基础，才能厚积薄发，提高灵活运用的能力。

所谓厚积薄发，就是告诉青少年朋友们：知识是一点一点积累的，千万

不能操之过急，耐心地学好每一个知识点，我们才能在每一场考试中发挥出色的水平。

有位农夫在地里种下两颗种子，很快它们就长成了同样大小的树苗。第一棵树就决心长成一棵参天大树，所以它拼命地从地下吸收养料，储备起来，滋润每一枝树干，盘算着怎样向上生长，完善自身。由于这个原因，在最初几年，它并没有结果实，这让农夫很是恼火。相反另一棵树，也一样拼命地从地下吸取养料，打算早点开花结果，它做到了这一点。这使农夫很欣赏它。

时光飞转，那棵久不开花的大树由于身强体壮，养分充足，终于结出了又大又甜的果实。而那棵过早开花结果的树，却由于还未成熟时，便承担起了开花结果的任务，所以结出的果实苦涩难吃并不讨人喜欢，相反却因此而累弯了腰。

农夫诧异地叹了口气，终于用斧头将它砍倒，用作烧火了。“志当存高远”，急于求成的结果只会导致过早的失败，所以我们要甘于寂寞，注意自身能力的积累，厚积而薄发，一旦时机来临自然会水到渠成。

以前有一个人很喜欢文学，他经常和周围朋友一起探讨文学方面的事情。慢慢地也写了点东西，然后鼓足勇气给报社和杂志投稿。结果连续几年都没有收到被采用的消息。而他身边的人却好像文运不错，有不少文章不仅发表了，而且还登上了知名杂志。他看到周围人都取得了成就，内心很苦闷。但是他没有放弃自己的追求，大家也经常给他介绍投稿的技巧，可惜依然没有奏效。后来朋友也为了不伤害他的面子，在他跟前都有意不谈文学上的事情。就这样过了两年，突然有天他那些朋友接到他邀请的帖子。等他们来到酒席上才知道，他这几年一直写的一部长篇小说出版了。而且刚出版就被北京一家著名影视公司看上了，用 16 万元买断了剧本权，听说不久就要被拍摄成 35 集大型电视剧。大家听了，都愣在了那里，都觉得不可思议，有点像在听神话。因为这些年没有他的消息，大家都以为他也许不具备文学能力，早就改行了。可没有想到，厚积薄发，他居然成功了。而他的那些朋友至今还只是发表了那几篇豆腐块。

人们经常说“万丈高楼平地起”。每次经过那些工地，看到凌乱的建筑场面，都有点烦。一天天过去了，我们都没有发现有什么大的变化。直到有天我们经过，突然发现一幢崭新的高楼矗立在我们的面前。我们感到万分惊讶，

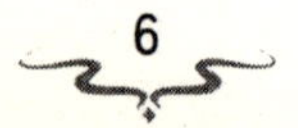

上次来不还是钢架吗？怎么一夜之间冒出幢大楼来。其实哪是一夜的事情，是工人无数日夜拼干的结果。也许我们都小看了那一砖一瓦，每次加点，对于整栋大楼来说，是算不上什么，可是一直加上去呢，就成就了今日的辉煌。青少年朋友们，你们还很年轻，你们还有的是机会，从现在开始，认真地听讲，认真地做自己该做的事，相信以后的你们一定会很成功。

找到最有效的学习方法

有两只蚂蚁想翻越一段墙，寻找墙那头的食物。一只蚂蚁来到墙脚就毫不犹豫地向上爬去，可是每当它爬到大半时，就会由于劳累、疲倦而跌落下来。可是它不气馁，一次次跌下来，又迅速地调整一下自己，重新开始向上爬去。

另一只蚂蚁观察了一下，决定绕过墙去，很快地，这只蚂蚁绕过墙来到食物前，开始享受起来；而另一只蚂蚁还在不停地跌落下去又重新开始。

很多时候，成功除了勇敢、坚持不懈外，更需要方向。也许有了一个好的方向，成功来得比想象的更快。

我国古代伟大的教育家孔子（公元前551—前479年），在学习方法上他主张"学而时习之"，"温故而知新"。他要求学生学习时，要学、思结合。他提出"学而不思则罔，思而不学则殆"，就是说，光学习而不积极思维，就会迷而不知所向；如果思维不以学习为基础，就会流于空想，会带来知识上的危机。因为学习是人类独特的活动，是人类知识的继承活动。这种继承不能是简单的照搬和模仿，要通过独立思考，学思结合，才能在接受前人知识的基础上，有所创造，有所发展。

有一位老师弹《致爱丽丝》，在空旷的琴房里，那感觉很妙，音质之纯美是家中那套音响根本不能演绎出来的。

朋友很羡慕，问她："如果我能这样熟悉地演奏这首《致爱丽丝》需要多长时间？"她微笑着说："10分钟。"朋友说"你在开玩笑吧？"她说："不，是真的，不过我说的是每天10分钟。"

她是一位语文老师，还是3年前练的琴，那架钢琴是一家私人企业捐赠的，一直放在琴房里。学校曾来过一位音乐教师，不过嫌学校待遇低，走了。

于是，她便成了这架钢琴的主人，每次课间 10 分钟，她就到琴房里练练，从最初的音阶开始。不过，她只有 10 分钟，10 分钟之后，上课铃声响，她就得停止。

有一个小男孩练琴时每天坚持 4 小时。她的老师知道后，对他说："你不能这样练，马上停止。"因为长大以后根本没有更多的时间来练琴，你应该养成习惯，一有空闲就练，即使几分钟也行。他听从了老师的劝告，把练钢琴的时间分解到各个时间段。其他时间他用来写日记、培植标本、到草地上踢足球，而这一切，并没影响他的琴艺。

这个美国小男孩后来成为著名的诗人、小说家和极其出色的钢琴家，他之所以在各个领域取得辉煌的成就，原因在于他能分解自己的爱好到每天的时间中，即使只有 5 分钟的空闲他也会利用起来，写几句诗，弹一首曲子。

几分钟的时间并不长，但如果能利用它并能成为一种习惯，这些短短的时间就有可能成就一个人，因为再大的事业和成就所需要的数年和数十年的时间都是由短短的几分钟累加起来的。当然这些应该是毫不拖延并加以充分利用的几分钟。

每个人由于先天素质和后天环境影响不同，他们的学习方法也表现出了不同于他人的个性特征，这个世上没有最好的方法，只有最适合自己的方法，希望每一个青少年朋友都可以找到最适合自己的方法，那么在以后的学校道路上就可以达到事半功倍的效果。下面几个名人的学习方法可供你参考：

秦牧的牛嚼鲸吞法：秦牧认为阅读要做到泛读与精读相结合，泛读好比鲸吞食一样，如果每天不吞食几万字的话，知识很难丰富起来；而精读好比牛嚼一样，特别对重要的知识要反复钻研，细细品味。他认为只有这样才可以既拥有丰富的知识，又可以在某一领域有很强的造诣。

培根的酿蜜学习法：他说我们不可像蚂蚁，单只收集，也不可像蜘蛛，只从自己肚子中抽丝，而应像蜜蜂，既采集，又整理。这种学习方法以特别强调对知识的分析、思考，勤加工，只有这样才能像蜜蜂一样把"花粉"变成"蜂蜜"。

华罗庚的薄厚互返法：他认为读书做学问要经过"从薄到厚"，再到"从厚到薄"的学习过程。"从薄到厚"指的是在学习书本知识的时候，要经过斟字酌句，不懂的环节加上注解，书也变得更厚了。而"从厚到薄"指的就是

把学到的知识咀嚼消化，组织整理，反复推敲，把握来龙去脉，做到融会贯通，这时就会发现书似乎变薄了。

不知道你是否受到启发，人不是生下来就知道自己适合什么样的方法的，相信上面的几位著名的人物也是，他们是在不断地学习探索中，最终找到了最适合自己的学习方法。青少年朋友们，只要我们用心，相信也一定能找到最有效的学习方法。

享受学习的快乐

古人云：“书山有路勤为径，学海无涯苦作舟。”学习到底是艰苦的还是快乐的？我们不能简单地回答是苦或者是乐，如果你学会享受学习，学习就可能是一种充满快乐的事。

因为你在学习过程中可以懂得很多做人做事的道理。时间对人是一视同仁的，给人以同等的量，但人对时间的利用不同，而所得的知识也大不一样，那么你所获得的成就肯定也是不一样的。

态度决定了你的命运，如果你认为学习是痛苦的，并且很排斥它，相信你获得的知识也是非常局限的；相反，有的人却认为学习是件很快乐的事情，他们主动地去寻求知识。相信后者与前者所获得的知识的丰度和精度都是有很大差别的。

我们都知道牛顿是一个酷爱学习酷爱思考的人，一直传说的牛顿“大暴风中算风力”的故事，可为牛顿身体力行的佐证。有一天，天刮着大暴风，风撒野地呼号着，尘土飞扬，迷迷漫漫，使人难以睁眼。牛顿认为这是个准确地研究和计算风力的好机会。于是，便拿着用具，独自在暴风中来回奔走。他踉踉跄跄、吃力地测量着。几次沙尘迷了眼睛，几次风吹走了算纸，几次暴风之强劲使他不得不暂停工作，但都没有动摇他求知的欲望。他算了一遍又一遍，终于求得了正确的数据。他快乐极了，急忙跑回家去，继续进行研究。有志者事竟成。经过勤奋学习，牛顿为自己的科学高塔打下了深厚的基础。不久，牛顿的数学高塔就建成了，22 岁时发明了微分学，23 岁时发明了积分学，为人类科学事业作出了巨大贡献。

牛顿在学习中体验到了前所未有的快乐，所以他根本不需要任何人来鞭策他学习，他很享受学习的过程，也因此他为人类的进步作出了巨大的贡献。

与牛顿一样，周总理小的时候就是一位很爱学习并乐于其中的人。

每天清早鸡叫三遍过后，周家花园里总是会传出阵阵琅琅的读书声：“锄禾日当午，汗滴禾下土。谁知盘中餐，粒粒皆辛苦。”读着读着，周恩来很快就把这首诗背得滚瓜烂熟了。但他总觉得没有透彻领会诗的意境：每一粒到底有多辛苦呢？

第二天，周恩来来到蒋妈妈家玩。吃饭的时候，他望着白花花的大米饭迫不及待地问道：“蒋妈妈，这大米饭是怎么来的呢？”

蒋妈妈很喜欢周恩来好问的精神，就笑着告诉他：“大米是稻子舂成的。稻子浑身有一层硬硬的黄壳。它的一生要经过浸种催芽、田间育秧、移栽锄草、施肥管理、除病治虫、收割脱粒，一直到舂成大米。”

“啊！吃上这碗大米饭，可真不容易啊！”周恩来惊讶地说。

“是呀！这十多道关，也不知道要累坏多少种田人呢！这香喷喷的大米饭是种田人用血汗浇灌出来的。”蒋妈妈深有感触地说。

蒋妈妈一番深刻的教诲，不仅加深了周恩来对诗意的理解，更激励他勤奋学习，热爱学习。为了过好习字关，他除了认真完成老师布置的作业外，还坚持每天练 100 个大字。

有一天，周恩来随陈妈妈到一个路途较远的亲戚家，回来时已是深夜了。一路上风尘劳累，年幼的恩来已精疲力竭、哈欠连天，上下眼皮直打架，但他仍要坚持练完 100 个大字再休息。陈妈妈见状，心疼不过，劝道：“明天再写吧！”

“不，妈妈，当天的事当天了！”周恩来说服了陈妈妈，连忙把头埋在一盆凉水里，一下子把瞌睡虫赶跑了，头脑也清醒多了。

100 个字刚写完，陈妈妈一把夺过周恩来的笔说：“这下子行了吧！快睡觉！”后来周恩来又觉得其中的两个字写得不够满意，仍不肯去睡觉，直到写满意了，他才回到房间里睡觉，这时天都快亮了。看着睡梦中露出微笑的周恩来，陈妈妈心疼地摇了摇头：“这孩子，睡梦中还在回味学习的快乐呢！”

著名的书法大家王羲之自幼酷爱书法，几十年来锲而不舍地刻苦练习，终于使他的书法艺术达到了超逸绝伦的高峰，被人们誉为“书圣”。

王羲之 13 岁那年，偶然发现他父亲藏有一本《说笔》的书法书，便偷来阅读。他父亲担心他年幼不能保密家传，答应待他长大之后再传授。没料到，

王羲之竟跪下请求父亲允许他现在阅读，他父亲很受感动，终于答应了他的要求。

王羲之练习书法很刻苦，甚至连吃饭、走路都不放过，真是到了无时无刻不在练习的地步。没有纸笔，他就在身上划写，久而久之，衣服都被划破了。常常练习书法达到忘我的程度。一次，他练字竟忘了吃饭，家人把饭送到书房，他竟不假思索地用馍馍蘸着墨吃起来，还觉得很有味。当家人发现时，已是满嘴墨黑了。

上面所述的三个人有一个共同点，就是他们很爱学习，同时在学习中也得到了巨大的快乐。青少年朋友们，如果你认识到学习可以增加知识，知识可以创造未来，改变命运；如果你找到了学习的兴趣所在，在学习中不断获得成功，学习就会变成了一种享受。相信你最后一定能获得巨大的成就。

做个勤奋的学生

你知道吗？一只蜜蜂要酿造 1 千克的蜜，必须采集 100 万朵花的花蜜，假若采蜜的花丛同蜂房间的平均距离为 1.5 公里，它们就得飞 45 万公里，差不多等于地球赤道总长的 11 倍。蜜蜂的精神不就体现在“勤奋”二字上吗？

勤奋刻苦的品质是通向成功的桥梁。现在的青少年最缺乏的可能就是勤奋刻苦的品质，很多人，总是想一下子获得成功，不愿脚踏实地，不愿吃苦，做一些小事的时候觉得是大材小用，不甘心。但是他们不知道其实在很多小事中也蕴藏着大机会，关键在于会不会发现机遇。

要想实现自己的抱负，你就得调动自己的全部智力，全力以赴，用勤奋打开成功的大门，在小事情中找到发挥自己能力的地方，久而久之，你会变得越来越出色。

勤奋比天才更重要。勤奋能够让本来聪明的人挖掘出更大的潜力，能够让本不是天才的人成为天才。

《士兵突击》是 2007 年荧屏热映的电视剧，很多观众在观看的过程中被感动了，更多的是被那个笨笨的许三多感动了。没有人会把开始的许三多和“聪明”、“天才”这些字眼放在一起，但是如果没有看到他的奋斗过程的人看到他的最终的成绩时一定会觉得他是个天才。但事实上，他不是天才，他就是用自己真实的勤奋和汗水从一个成绩最差的兵成了种子兵。

印象最深的一幕就是他腹部绕杠的那段，开始时他甚至爬上杠杆都是个问题，更别说绕上几个了，他不愿成为孬兵，不愿让班长失望，所以他不断地练习，从未间断，不管天气好坏他都坚持着，最终他能够连续绕 333 个。没有人能超越他。为了能够做到更好，他的手被磨破了很多次，他不觉得疼，因为他太需要证明自己了。所以，他用自己的勤奋给战友们上了一课，就连

高连长也对他刮目相看。这就是许三多用勤奋的故事给我们带来的深深思考。

人可以不聪明，但是要成功，就必须要勤奋，如果你永远保持勤奋的状态，你就会得到他人的称许和赞扬，就会赢得别人的尊重。不仅如此，由于你的勤奋，还会导致自身能力的提高，赢得更多的发展机会。有的人鼠目寸光，只盯着眼前的利益，而忽视了更重要的部分，这样的人很难造就。唯有不断学习新知识，掌握新技能，适应新环境，你的人生才会充满奋斗的乐趣，正如踢足球是在奔跑中寻找破门良机一样，在不懈地努力学习与实践中，我们的生命才会升值。我们发现，取得优异成绩的学生，大都具有勤奋的品格。

任何人都要经过不懈努力才能有所收获。收获的成果取决于这个人努力的程度，世上机缘巧合的事太少见了。有人说“我很聪明”，那么假设果真如此，你就应该为聪明插上勤奋的翅膀，这样，你就能飞得更高更远；如果你还不够聪明，你就更应该勤奋，因为“勤能补拙”，现实生活中，我们经常能够发现“龟兔赛跑”的故事。最终成功的人，不一定是最聪明的人，但无一不是勤奋的人。在漫长的人生道路上，勤奋比天才更可靠。

如果一个人要获得成功，一般性的奋斗真的很难让你成为理想中的自己，在成功的路上一个人要付出的努力与勤奋也许会超乎你的想象，能不能真的做到比别人努力几倍甚至几十倍，就是决定你能否比别人成功几倍几十倍的重要条件，看看哪个最终成为成功典范的人不是从比别人更加勤奋的路上一步步走过来的呢？只有更早地比别人付出了这份努力，你才有机会比别人更早达到理想中的自己，也才能有机会比别人更早地享受到更好的生活。年轻时努力就是为了老年的时候能够过得轻松，无须再努力。

没有人能只依靠天分成功。上帝给予了天分，勤奋将天分变为天才。

曾国藩是中国历史上最有影响的人物之一，然而他小时候的天赋并不高。有一天在家读书，对一篇文章重复不知多少遍了，还在朗读，因为，他还没有背下来。这时候他家来了一个贼，潜伏在他的屋檐下，希望等读书人睡觉之后捞点好处。可是等啊等，就是不见他睡觉，还是翻来覆去地读那篇文章。贼人大怒，跳出来说：“这种水平读什么书？”然后将那文章背诵一遍，扬长而去！

贼人是很聪明，至少比曾先生要聪明，但是他只能成为贼，而曾先生却成为毛泽东主席都钦佩的人。

“勤能补拙是良训，一分辛苦一分才。”那贼的记忆力真好，听过几遍的文章就能背下来，而且很“勇敢”，见别人不睡觉居然可以跳出来“大怒”，教训曾先生之后，还要背书，扬长而去。但是遗憾的是，他名不见经传，曾先生后来起用了一大批人才，按说这位贼人与曾先生有一面之交，大可去施展一二，可惜，他的天赋没有加上勤奋，变得不知所终。

作为青少年，我们要牢记，伟大的成功和辛勤的劳动是成正比的，在平时的学习生活中养成勤奋好学的习惯，并善于总结自己的缺点，用勤奋来弥补这些不足，一步步走向成功，一分耕耘就有一分收获，日积月累，从少到多，相信奇迹就可以创造出来。

用思考来提高学习质量

人类之所以成为万物之灵，相信勤于思考在里面起了很大的作用。在学习的过程中，如果我们可以停下来思考片刻，相信一定会有更高层次的感悟。

巴尔扎克是法国 19 世纪著名的小说家，批判现实主义文学的巨匠，但年轻的时候并不是作家。他曾经营出版、印刷业，但由于经营不善，他的企业破产了，并欠下了巨额债务。债权人经常半夜来敲他的家门，警察局发出通缉令，要立即拘禁他。那时的巴尔扎克居无定所，后来实在没有办法，在一个晚上，他偷偷地搬进了巴黎贫民区卜西尼亚街的一间小屋里。

他隐姓埋名，躲进这间不为外人所知的小屋子里。周围的难民根本没有注意到他，他终于从原先浮躁不安的心境中平静下来。他坐在书桌前，认真地反思着，多年以来，自己一直游移不定，今天想做这，明天又想改行做别的，始终没有集中精力来从事自己最喜欢的文学创作。

想着想着，他蓦地站起来，从储物柜里找出拿破仑的小雕像，放在书架上，并贴了一张字条："彼以剑锋创其始者，我将与笔锋竞其业。"

从此，他埋头致力于文学创作，对每一部著作，他都用心构思，精心组织语言，常常达到痴迷的程度。

有一次，巴尔扎克正埋头写作。一个朋友来探访他，见他专心致志，不忍打扰，便悄悄地坐在一旁。

不久，仆人给作家送来了午饭，他视而不见。朋友误以为是给自己送来的，便不客气地把饭吃光了。又待了一会，见巴尔扎克还没有停笔的意思，这位朋友便悄悄告退了。

作家终于感到肚子饿了，便搁下笔来吃饭。当他发现桌上饭菜狼藉的餐具，便自己责备自己说："真是个饭桶，刚吃了饭还想再吃！"

另一天的一个早晨，巴尔扎克在外出散步时，特地在门上写了几个大字：“巴尔扎克先生不在家，请来访者下午来。”

他一边散步，一边考虑着小说的结构、人物的对话、细节的安排……想着想着，他已经到了自己家门口，正要推门，忽见门上那两行字，便不胜遗憾地说：“唉！原来巴尔扎克先生不在家。”说完，转身便走了。

正是巴尔扎克的勤奋深思，最终使他在文学上取得了巨大的成就。

英国著名科学家焦耳从小就很喜爱物理学，他常常自己动手做一些关于电、热之类的实验。

有一年放假，焦耳和哥哥一起到郊外旅游。聪明好学的焦耳就是在玩耍的时候，也没有忘记做他的物理实验。他找了一匹瘸腿的马，由他哥哥牵着，自己悄悄躲在后面，用伏达电池将电流通到马身上，想试一试动物在受到电流刺激后的反应。结果，他想看到的反应出现了，马受到电击后狂跳起来，差一点把哥哥踢伤。

尽管已经出现了危险，但这丝毫没有影响到爱做实验的小焦耳的情绪。他和哥哥又划着船来到群山环绕的湖上，焦耳想在这里试一试回声有多大。他们在火枪里塞满了火药，然后扣动扳机。谁知“砰”的一声，从枪口里喷出一条长长的火苗，烧光了焦耳的眉毛，还险些把哥哥吓得掉进湖里。

这时，天空浓云密布，电闪雷鸣，刚想上岸躲雨的焦耳发现，每次闪电过后好一会儿才能听见轰隆隆的雷声，这是怎么回事呢？引起了小焦耳很大的好奇。

焦耳顾不得躲雨，拉着哥哥爬上一个山头，用怀表认真记录下每次闪电到雷鸣之间相隔的时间。

开学后焦耳几乎是迫不及待地把自己做的实验都告诉了老师，并向老师请教。

老师望着勤学好问的焦耳笑了，耐心地为他讲解：“光和声的传播速度是不一样的，光速快而声速慢，所以人们总是先见闪电再听到雷声，而实际上闪电雷鸣是同时发生的。”

焦耳听了恍然大悟。从此，他对学习科学知识更加入迷。通过不断地学习和认真地观察计算，他终于成为一名出色的科学家。

伟大的革命导师列宁，小时候是个学习成绩优秀的孩子，除了其他原因

外，爱思考，不懂就问的学习习惯是一个重要的因素。

有一次，他和几个小朋友挖到了一个屎壳郎的窝，里面有很多圆圆的粪球。有个同学问："屎壳郎为什么要把粪球滚到窝里去呢?"大家都答不上来，也把列宁给问住了，他答应第二天把答案告诉大家。他回家后，先是向哥请教，又找来好多书籍查找。

第二天，他带来了答案：原来是屎壳郎把卵产在屎球上，幼虫孵出来后，即把屎球当食物。同学们都满意地笑了。

青少年朋友们应该养成爱思考的好习惯，因为当今是新知识层出不穷的时代，与其说不注重学习将被时代淘汰，不如说不善于思考将被时代所淘汰。我们每一天都会遇到一些新问题，接触一些新事物，古人就提倡"吾日三省吾身"，我们则更有必要专门抽出时间对一天之所学所闻、所作所为进行一番思考，这样常学习、常思考、常总结，我们就会常有收获、常有进步。

驾驭自己的学习环境

对于青少年来说，学习的环境一般就是在教室里，然而教室是一个大环境，不可能十分安静，总会有大大小小的事干扰我们的学习，而这种事情又往往是我们自己控制不了的，所以我们就应该培养自己驾驭学习环境的能力，平时就要训练自己在各式各样的环境条件下专心学习或工作。一旦确定了自己的目标，你就要有计划有目的地集中注意力，去干好这件事，而不应该受其他因素的影响和干扰。学会了驾驭自己的学习环境的本领，对今后我们的工作生活都会有很大的帮助。许多名人的故事就可以给我们一些启示。

据说毛泽东主席青少年时代为了锻炼自己的注意力，就常到繁华闹市去读书，而且能不受周围环境的影响。坚持无论读书学习，还是做事，都把它们当做锻炼注意力的机会，久而久之，良好的注意习惯就逐步形成了。

鲁迅先生从小认真学习。少年时，在江南水师学堂读书，第一学期成绩优异，学校奖一枚金质奖章。他立即拿到南京鼓楼街头卖掉，然后买了几本书，又买了一串红辣椒。每当晚上寒冷时，夜读难耐，他便摘下一颗辣椒，放在嘴里嚼着，直辣得额头冒汗。他就用这种办法驱寒坚持读书。由于苦读书，后来终于成为我国著名的文学家。

相传曾经在一个崎岖的山路上，一位白发苍苍的老人牵着一匹马在缓缓登山。人在前面慢慢地走，马在后面一步步地跟，山谷中响着单调的马蹄声。走啊走啊，马突然脱缰而跑，老人由于沉浸在极度专注的思索之中，竟没有发觉。老人依然不畏艰难地登着山，手里还牵着那根马缰绳。当他登到较平坦的地方想要骑马时一拉缰绳，拽到面前的只是一根绳，回头一看马早已没有了。

很多名人都是这样，往往沉浸在自己思考的世界里，忽视了周围的一切，

这也是一个人成功的必要因素。

牛顿每天除抽出少量的时间锻炼身体外，大部分时间是在书房里度过的。一次，在书房中，他一边思考着问题，一边在煮鸡蛋。苦苦地思索，简直使他痴呆。突然，锅里的水沸腾了，赶忙掀锅一看，“啊!”他惊叫起来，锅里煮的却是一块怀表。原来他考虑问题时竟心不在焉地随手把怀表当做鸡蛋放在锅里了。

太阳普照万物，并不能点燃地上的柴火。但有凸透镜就可以了，只需要区区一小束太阳光，长时间地聚集到一点上，即使在最寒冷的冬天也能把柴火点燃。

同样道理，最弱小的人，只要集中力量于一点，也能得到好的结果，相反，最强大的人，如果把力量分散在许多方面，那么也会一事无成。学会聚集你的能量，让它爆发，那么定会有雷霆万钧之势。一个人如果能够长时间地把精力集中于一个点上，定会取得惊人的成就。

几十年前，波兰有个叫玛丽的小姑娘，学习非常专心。不管周围怎么吵闹，都分散不了她的注意力。

一次，玛丽在做功课，她姐姐和同学在她面前唱歌、跳舞、做游戏。玛丽就像没看见一样，在一旁专心地看书。

姐姐和同学想试探她一下。她们悄悄地在玛丽身后搭起张凳子，只要玛丽一动，凳子就会倒下来。时间一分一秒地过去了，玛丽读完了一本书，凳子仍然竖在那儿。

从此姐姐和同学再也不逗她了，而且像玛丽一样专心读书，认真学习。

玛丽长大以后，成为一位伟大的科学家。她就是居里夫人。

爱迪生说过，“人要拥有将你身体与心智的能量锲而不舍地运用在同一个问题上而不会厌倦的能力。静下神来，心无旁骛，一心一意，就一定会把那件事做完做好”。作为青少年，我们做事情一定要讲求效率，一定要强调专注，也就是说，在你解决问题时，不管外界环境怎么样，一定要把精力集中于正在做的那一件事情上，排除一切干扰。只有当你驾驭自己的学习工作环境的时候，你才能更有效地使用你的精力，全身心地投入，专心致志地做一件事，也才有时间做下一件事。

学会与老师交流

古语云：“师者，传道授业解惑也！”老师应是什么？人类灵魂的工程师，辛勤的园丁，合作者，促进者又或是引导者。古往今来，对老师的评价与赞美举不胜举。首先让我们先读一下下面的这个故事。

子路，姓仲，名由，字子路，又字季路，生于公元前542年，小孔子9岁，比同学冉有大20岁，与冉有一样，是孔子学生中“政事”科的高才生，也是孔子最喜爱的学生之一。

子路小时候很调皮，经常捣乱，自从到孔子那里上学读书之后，改变了很多。

子路刚开始上学读书的时候，不管自己懂不懂，反正只要老师一提问，子路立马就站起来回答，而站起来之后又不知道该怎么回答，经常是强不知以为知，不懂装懂，引得大家哄堂大笑。为此，孔子曾经狠狠地训斥子路，被老师批评之后，子路变得守规矩多了，不懂的问题就请教老师。一次孔子提问子路：“阿由呀，你听没听说过有六种美德有六种隐患呢?”子路回答说：“我没听说过。”孔子告诉子路：“你坐下，我告诉你。喜欢仁爱而不喜欢学习，它的隐患是愚蠢；喜欢智慧而不喜欢学习，它的隐患是放荡；喜欢诚信而不喜欢学习，它的隐患是狭隘；喜欢直率而不喜欢学习，它的隐患是尖刻；喜欢勇敢而不喜欢学习，它的隐患是乱来；喜欢刚强而不喜欢学习，它的隐患是狂妄。”子路听老师这么一说，终于明白了读书学习是如此重要！他站起身来，恭恭敬敬地向孔子鞠躬，感谢老师的教诲。然后，道别老师，自己与同学们一起读书学习去了。

过了一段时间，孔子觉得子路的学问有了长进，但子路在与老师的交流中，感觉自己还是读书不够认真，于是，又回去好好读书去了。

孔子很喜欢子路，子路也非常尊敬孔子。尤其难能可贵的是，子路可以说是孔子的学生中唯一能够敢于向孔子提批评意见的人。

在周游列国的过程中，子路其实完全成为了孔子的“办公厅主任”、“贴身警卫员”兼“卫生保健员”。一次子路对孔子说：“不出来做官是没有道理的。长幼之间的礼节，不能废弃；君臣之间的道义，又怎么能够废弃？为了自己洁身自好，却破坏了社会的大伦常。作为君子出来做官，只是实行他的道义而已。至于道义行不通，我们早已经知道了的。”孔子听了子路的一番话，发现子路越发长进了，十分欣慰地笑笑。

周游列国完回到鲁国后，子路先是在季氏那里做了一段时间的家臣，后来又做蒲地的行政长官。在去蒲地上任之前，子路来向孔子辞行，孔子吩咐子路：“蒲这个地方豪侠之士很多，又很难治理。不过我告诉你：只要谦虚而又严肃，就可以驾驭那些勇武之人；只要宽厚而又公正，就可以得到大家的拥护；只要做到恭谨、公正、宽厚和稳重，就不会辜负君上的托付。”子路牢牢地记下了孔子的这些话，告别孔子，到蒲地上任去了。

在孔子的教育和熏陶下，子路最终成长为了一位具有卓越政治才干的政治人物。也正是由于子路在与老师的交流中一次次地明白了人生的很多大道理。青少年朋友们应该学习子路的精神，把自己学习和生活中的疑惑告诉老师，勇于与老师交流，把老师当成自己最好的朋友来看待，相信你会获得比其他同学更多的收获。

善于规划学习科目

青少年应该时刻记着不管我们做什么事，都要心里有数，这“数”的含义当中，就包括了规划学习。学习，就要有学习规划。凡事预则立，不预则废。我们很难想象一个司机不知道该往南还是该往北，我们甚至无法容忍司机不知道准确的目的地和精确的方位，我们绝对不会雇用这样的司机的。人生是一段旅程，中学就是这段旅程中最重要的路口，我们能不提前做好打算做好规划吗？

学习必须要有一种陶醉其间的忘我的激情，一种旺盛的昂扬的舍我其谁的斗志，一种天生我材必定成功的信念。这是规划各科目学习得以制定和落实的内在动力和根本保证。

有了激情和斗志就好办了。但仅有激情和斗志还是不够的，还要有科学的系统的方法。退一步讲，如果激情斗志一时半会还激发不出来呢？大家都知道一个医学上的名词，叫做亚健康状态。其实学习上也有这种情况，可以称之为亚学习状态。处于亚学习状态的同学学习效率很低，时间长了，就被甩在后面，直接影响学习的积极性和自信心。我们必须从亚学习状态中摆脱出来，重要的方法就是科学地、有计划地学习。

对学习行为要进行科学的规划和管理，也就是按照计划学习，我们的每一分钟纵然做不到当两分钟用，也充分地发挥了一分钟的作用。计划学习就是对整个学习过程和学习策略进行管理，从而实现对学习进行自主计划的学习方式，在学习中计划，在计划中学习，也就实现了有效的自我管理。学会了计划学习，就学会了自己安排学习生活，也就能做到劳逸结合，往大处说，这叫学会了自我控制和自我管理，是很了不起的。

计划是为实现目标而需要采取地方法、策略，就像打仗一样，人们的目

标是要打败敌人，取得胜利，但是如何才能打败敌人，实现这个目标，这需要根据敌我双方的情况作一个比较，然后再进行谋划，如何以己之长攻敌之短来取得胜利。所以，只有目标，没有计划，往往会顾此失彼，或多费精力和时间。

比如走路，我们要去一个地方（目标），但到达那个地方，有好多条路，交通工具也有多种，如步行、骑车、坐飞机、轮船等，那么究竟走哪条路，借助哪种交通工具能最快到达那个地方，这就不得不思考，这就需要制订计划，如果盲目行动，可能会走弯路，浪费时间，所以计划是实现目标的一个重要阶段。

课堂是学习的主阵地，老师指导下的课堂学习是制订一切计划的出发点和落脚点。老师讲课之前要做好预习，预知重点难点，听起课来自然轻松，而且容易当堂消化吸收。老师讲课要注意做好笔记，记笔记不可眉毛胡子一把抓，要结合预习记重难点，为保证听课思路的流畅性，最好只记关键词，画画也可以，只要自己看懂就行。听课之后要复习，及时复习，反复复习。先是把课堂上记得乱七八糟的笔记整理得有点模样，再像过电影一样回顾整堂课，尤其是重难点。先复习再做作业，不要贪图快当便捷直接做题，那样对知识的复习有害处，对自信心也有害处。做题之后要有反馈，哪里对了要记一下；哪里错了要到课堂上找原因，查课本翻资料请教老师，做对之后还要剪下来粘在错题本上，以后复习就是它了，事半功倍。

学习计划重点是日计划，次重点是周计划。就好比下棋，能看一步棋的是庸手，能看两步棋的水平已经比较高了，能看三步棋的就差不多可以称为高手了。我们的目标就是让自己具备制定并实行月计划的能力。

计划学习的最高境界是什么？是不需要再写在纸上督促自己直接就在大脑中产生相应的计划，有了临时的变化能够自然生出有效对策，别人看起来，就好像没有计划。

一位不知名的新人在众人瞩目的国际马拉松邀请赛中夺得冠军。当记者问他凭什么取得如此惊人的成绩时，他说：“每次比赛之前，我都要乘车把比赛的路线仔细看一遍，并把沿途比较醒目的标志画下来。比如第一个标志是银行，第二个标志是一棵大树，第三个标志是一座红房子……这样一直画到赛程的终点。比赛开始后，我就以跑百米的速度，奋力地向第一个目标冲去，

过第一个目标后，我又以同样的速度向第二个目标冲去。起初，我并不懂这样的道理，常常把我的目标定在终点的那面旗帜上，结果我跑到十几公里时就疲惫不堪了。我是被前路的遥远所折服的。”

于是，他将冠军的目标分解为一个个容易实现的小目标，并脚踏实地认真实践。他每前进一步，达到一个小目标，使他体验了“成功的感觉”，而这种“感觉”强化了他的自信心。这一切，推动着他逐步达到下一个、再下一个目标。

原来大成功是由小成功累积而成的。正所谓智者善于计划，他们都是在达到无数的小目标之后，才实现他们伟大的梦想。为实现目标而做出计划，不怕艰苦，不懈努力，迎接自己的便是成功。

这位选手就是在有了切实可行的目标以后，在思路上分清了轻与重、缓与急，如果随意地胡乱瞎抓一气，没有一个全盘的计划，结果只能是“事倍功半”，甚至是“劳而无功”。

一个老农决定上山砍树做柴火。到了山上后，忽然想到脚上的草鞋很陈旧了，于是匆匆忙忙地搓绳打草鞋，忙完草鞋又检查斧锯，发现斧子太钝，锯子已锈，于是又回来重新订购斧子和锯子，又嫌新斧子的材质不好……等到他万事俱备准备再次出发时，大雪已经封山。这时，老农抱怨道：“天公真是不作美呀！”

其实这个农夫的问题不在于运气的好坏，而是他在确立目标时没有一个完整的计划。他的目标是在大雪封山之前完成砍树的任务，鞋子的新与旧并不重要，斧子太钝、锯子已锈可以立即动手磨快，并不需要订购新的。正是由于偏离目标的思考和决定，导致了砍树的目标落空。人生目标的追求与实现也是同样的道理。

愚者设立过人生目标，可是他没有排定优先顺序，因此他的时间管理不当，常在同一个时间眉毛胡子一把抓，做很多的事情，结果效率不佳。他非常忙碌，感觉到压力非常大，可是当目标达成时，却没有很大的成就感，原因就出在他没有对目标做出合理的计划。

所以，我们在生活和工作中，要像智者的方式那样，当有了目标之后，就制订出一个详细的计划，把计划依照优先顺序排列好，这样会使达到目标的概率大幅度地提升，这也是每个成功者所做的事情。

那么，你是否已计划过自己的现在与将来？比如你要达到什么目标？如何塑造自己？要以什么样的心态面对挫折？如何为一个理想去奋勇进取？这过程中又要如何避免三心二意、丧失信心等消极因素？

你现在就要开始去思考、去计划，并不断完善。这样，你的人生才不会无所事事，才不会忙乱不堪。

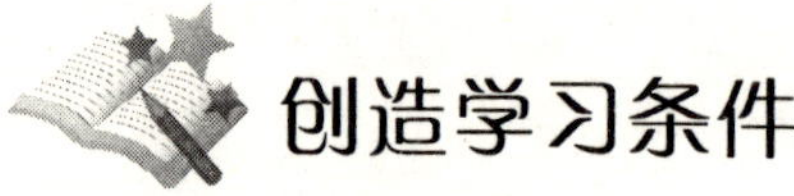

创造学习条件

由于每个人的生活背景不一样，绝大部分青少年所拥有的学习条件也是不一样的，当我们没有很好的学习条件时，我们应该怎么做呢？先看看下面几个名人的小故事吧！

西汉时候，有个农民的孩子，叫匡衡。他小时候很想读书，可是因为家里穷，没钱上学。后来，他跟一个亲戚学认字，才有了看书的能力。

匡衡买不起书，只好借书来读。那个时候，书是非常贵重的，有书的人不肯轻易借给别人。匡衡就在农忙时节，给有钱的人家打短工，不要工钱，只求人家借书给他看。

过了几年，匡衡长大了，成了家里的主要劳动力。他一天到晚在地里干活，只有中午歇晌的时候，才有工夫看一点书，所以一卷书常常要十天半月才能够读完。匡衡很着急，心里想：白天种庄稼，没有时间看书，我可以多利用一些晚上的时间来看书。可是匡衡家里很穷，买不起点灯的油，怎么办呢？

有一天晚上，匡衡躺在床上背白天读过的书。背着背着，突然看到东边的墙壁上透过来一线亮光。他霍地站起来，走到墙壁边一看，啊！原来从壁缝里透过来的是邻居的灯光。于是，匡衡想了一个办法：他拿了一把小刀，把墙缝挖大了一些。这样，透过来的光亮也大了，他就凑着透进来的灯光，读起书来。匡衡就是这样刻苦地学习，后来成了一个很有学问的人。

孙康幼时酷爱学习，常常感到时间不够用。他想夜以继日攻读，可家中贫穷，没钱购买灯油。一到天黑，便没有办法读书。特别到了冬天，长夜漫漫，他有时辗转很久，难以入睡。实在没有办法，只好白天多看书，晚上睡在床上默诵。

一天夜里，他一觉醒来，忽然发现从窗外透进几丝白光。开门一看，原来下了一场大雪。屋顶白了，地上白了，树上也白了。整个大地披上一层银装，闪闪发光，使他眼花缭乱。他站在院子里欣赏银装素裹的雪后美景，忽然心中一动：映着雪光，可否读书呢？他急急忙忙跑回到屋里，拿出书来对着雪地的反光一看，果然字迹清楚，比一盏昏黄的小油灯要亮堂得多呢！

从此孙康不再为没有灯油而发愁。整个冬天，他夜以继日地读书，不怕寒冷，也不感到疲倦，常常一直读到鸡叫。即使是北风呼号，滴水成冰，他也从来没中断学习。工夫不负有心人，孙康砥砺求进，学有大成，终于成为一位很有名望的学者。

秀彬出生在一个贫困的家庭，初中没毕业就得回家帮助父母料理家务。但是，秀彬是一个勤奋刻苦的人，由于自己对物理和化学的特殊偏爱，利用一切的时间来自学。为了贴补家用，在不得不外出打工的日子里，他自己选择到报酬不是很高，却可以自己进行实验的药店工作。一得空闲，他就利用药店里的各种“器材”做实验，说起器材，不过是药店里边的废旧平底锅、烧水壶和各种各样的瓶子。就这样边做实验边学习，自己将初中、高中乃至大学的物理化学教材都学习得滚瓜烂熟，正是在这种持久不懈的努力下，秀彬研制出三项国际领先的新成果。

相信青少年朋友们看了他们的故事一定会学到一些道理吧！如今我们基本上不会为有没有机会学习深造，有没有灯看书而烦恼了，可是新的问题还是会出现在我们的生活中，希望我们都能学习这些人的精神，不要找任何让自己不用功的借口，虚心学习，相信终会有所成就的。

以上成功的例子都告诉我们：不管自身的条件有多么的不好，只要肯付出努力，只要学会创造学习条件，就一定可以做到别人做不到的事情。一个人没有永恒的财富，只有通过勤奋努力去充实自己的大脑，才能让这个财富的保质期延长下去。所以不要妄想不通过努力就获得成功。青少年朋友们好好加油，未来终究是你们的，只有大家不懈努力才能创造祖国更加美好的明天。

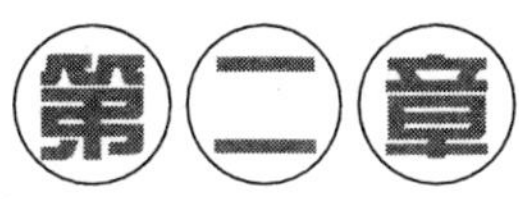

第二章 理解父母，做懂事的孩子

古人曰：“羊有跪乳之恩，鸦有反哺之义。”意思就是动物界尚有对母亲的感恩之情，更不用说人类了。现代社会，我们更需要尊重父母，感恩父母。阎维文的一曲《母亲》唱得好：“不管你走多远，不管你官多大，什么时候都不能忘咱的妈。”这质朴的语言，深沉的感情，感动了多少人啊！的确，无论我们有多大的年纪，无论我们有多高的官职，在父母眼中，我们永远是长不大的孩子。正如老人们常说的一句话：养儿一百年，常忧九十九。不错，父母对儿女的责任，只有当他们长眠于地下之时，才能得以解脱！所以，青少年要学会理解父母，用自己的行动让父母放心，而不仅仅是停留在口头上。

尊重父母，感恩父母

孝敬父母是中华民族的传统美德，历史上许多名人和伟人都是孝敬父母、尊重父母的典范。当今的青少年绝大部分是独生子女，平时父母呵护有加，关怀备至。然而关心父母、尊重父母的意识却在一些同学中逐渐淡化。他们有意无意地忽视了对父母的尊重和理解，认为父母的付出是理所当然的，把父母善意的教导看成唠叨，甚至对父母极不尊重。读一些名人感恩父母的故事或许会让你感到非常内疚。

包公即包拯（公元 999－1062 年），字希仁，庐州合肥（今安徽合肥市）人，父亲包仪，曾任朝散大夫，死后追赠刑部侍郎。包公少年时便以孝而闻名，性直敦厚。在宋仁宗天圣五年，即公元 1027 年中了进士，当时 28 岁。先任大理寺评事，后来出任建昌（今江西永修）知县，因为父母年老不愿随他到他乡去，包公便马上辞去了官职，回家照顾父母。他的孝心受到了官吏们的交口称颂。

几年后，父母相继辞世，包公这才重新踏入仕途。这也是在乡亲们的苦苦劝说下才去的。在封建社会，如果父母只有一个儿子，那么这个儿子不能扔下父母不管，只顾自己去外地做官，否则是违背封建法律规定的。一般情况下，父母为了儿子的前程，都会跟随去的。父母不愿意随儿子去做官的地方养老，这在封建时代是很少见的，因为这意味着儿子要遵守封建礼教的约束——辞去官职照料自己。历史书上并没有说明具体原因，可能是父母有病，无法承受路上的颠簸，包公这才辞去了官职。

不管情况如何，包公能主动地辞去官职，还是说明他并不是那种迷恋官场的人。对父母的孝敬也堪为当今一些素质低下的人的表率。以前的故事讲得最多的是包公的铁面无私，把包公孝敬父母的事情给忽视了。

父母对孩子的爱是最无私的，他们时时处处把子女放在心上，即使受到伤害也依然对子女关爱备至。有一个青年，爱上了一位女子，青年不知这女子是魔鬼所变。为讨女子欢心，青年倾其所有，尽其所能。一日，魔鬼要青年去挖他母亲的心给她吃，青年毫不犹豫地答应了。黑夜里，他捧着妈妈的心，匆匆赶回魔鬼身边。经过一片树林时，不小心摔了一跤，心被扔出去老远，青年费力地从地上往起爬时，听见那颗心在问："跌疼了吗？我的儿。"

所有看到这个故事的人应该都会感动得流泪吧！因为父母就是这样，他们对儿女不图任何回报，宁愿牺牲自己的一切来换取儿女们的幸福，这种爱是无价的。

母亲对孩子的爱可以战胜一切艰难险阻。美国某州有两个分别住在同一座山的山顶和山下的印第安部落。一天，山顶的部落侵入山下的部落并且掠走了一个婴儿。为了索回婴儿，山下的部落选派了部落中最优秀的 10 个年轻力壮聪明机智的勇士，要他们到山顶的部落要回孩子。这 10 个勇士随即出发，经过将近一周的攀援跋涉始终未能找到通向山顶部落的路。最后，他们筋疲力尽地停在半山腰，决定放弃找回婴儿的打算，回部落去。正当他们准备下山的时候，突然看见一个背着孩子的妇女从山上朝他们走来，越走越近，终于看清了，正是那个被掠走的婴儿和他的母亲。他们惊讶地问她："我们 10 个精壮的小伙子无法办到的事你怎么做到的？"那个母亲大声回答："因为他是我的孩子。"

父母的爱令人感动，体谅父母、尊重父母、感恩父母是我们每个人都应该做的。曾经有一个女孩，她的父母在外地做生意，一年才有一次回家的机会，平常的日子，她都是随着祖父母生活、读书。今年夏天，她有幸去看望父母。在那里，她看到父母为了做生意挣钱，几乎每一天晚上到十一二点才睡觉，第二天，凌晨四五点就要起来做事，有时更早。她的心里难受极了！自觉地帮父母的忙，做一些力所能及的事情，希望帮助父母减轻一些劳动的烦琐，以使他们多一点休息时间。有一件每一天都要重复做的事，更是深深地刺痛了孩子的心。她那体重不足一百斤重的父亲，每天傍晚时候都要扛两袋一百多斤重的黄豆，从仓库走几百米到加工房去，再开机器加工成产品，准备第二天的销售货源。于是她决定发奋学习来报答父母的养育之恩，终于在她的勤奋努力下，成为了一位非常成功的企业家，她的父母也因此享受到

了女儿带给他们的幸福生活。

感恩父母，就像是鱼儿感谢它赖以生存的水；感恩父母，就像是云朵感谢给它展示平台的蓝天；感恩父母，就像是绵羊感谢让它食用的青草。

曾经我们多少次为了自己的玩乐，忘记在家焦急等候的父母，多少次为了无关紧要的应酬，忘记年迈的父母还在操劳！我们有没有心在回家的时候，观察自己父母的言行，他们累不累？他们苦不苦？他们又添了几许白发、又佝偻了几分身躯？我们做了一些什么？是不是像客人一样忘记了做事，而高谈阔论，任自己的父母忙进忙出为你做一顿好吃的。而父母的养育、疼爱之恩我们还记得吗？亲情是世界上最伟大的感情，希望青少年朋友们懂得尊重我们的父母，感恩我们的父母，呵护我们的父母。

让父母快乐的是你的倾诉

可怜天下父母心，每个人都有个家，有自己的父母，从小到大，父母费尽心血抚养我们长大，但并不是每个人都懂得表达对父母的爱，懂得其实父母最大的快乐就是听你的倾诉。

记住孔夫子两千多年前的话吧："树欲静而风不止，子欲养而亲不待。"这句话的意思是当父母健在的时候要多尽孝道，不仅是物质上让他们满足，精神上更要满足他们，特别是在他们晚年的时候，不要让他们有孤独感，一旦他们离你而去，你再想对他们尽孝，他们是不会等待的。

现在有很多年轻人不喜欢和父母交心，因为他们觉得跟父母有一种带代沟，有年龄上的差距，有一些意见上分歧。总觉得自己的事情自己可以解决，就算错也觉得有道理。有些心事可以跟素不相识的人说，可以跟朋友说，就是不愿意跟父母说。不愿意和父母做朋友，不想把心事给父母透露，自己压抑在心底，长期这样下去我们就会离父母越来越"远"。

小时候最大的记忆大概都是这个样子，放学回到家就是遇到父母一连串的问题——今天做了些什么事？学会了哪些东西？父母听到我们的回答往往都会非常开心。可是随着我们年龄的增长，尤其到了青春期，我们与父母的沟通就越来越少了，很多时候我们还会因为和同学攀比而看不起自己的父母，或者觉得父母根本不了解我们，只知道整天督促我们要好好学习。

小涛是某重点高中高一的学生，不过他上这个重点高中是家里花了几万块钱才上的，而且他特别不喜欢这所学校，总感到莫名的压抑，学习也总是在班上最后几名，他认为这一切都是父母的错，他们只想自己有面子，从来没有考虑过他的感受，所以每次回家，都不答理父母，父母想和他讲话，他也总是心不在焉，于是双方的关系降到了冰点。

一次他趁着父母上班的时间，回到家在自己的房间里玩电脑游戏，玩得正开心的时候，他感觉爸妈回来了，于是就偷偷地把电脑关了，一个人偷听他们讲话，爸妈不知道他在家里，就唉声叹气地说孩子怎么就变了，变得越来越难懂了，还说了关于他上这所高中的隐情，原来父母不想让他太辛苦，原本想让他读普通高中的，可是有一次他的老师对他的父母说觉得他还蛮有潜力的，希望他们可以让小涛上重点，老师觉得在那个环境下小涛一定有种紧迫感，成绩自然会上来的，于是他的父母就听从了老师的建议，老两口又说现在每天过得都不踏实，不知道小涛每天到底是在干什么，搞得他们俩都有些身心交瘁，他们俩都很希望小涛可以和他们谈一谈，到底出了什么问题，小涛听到父母的这番谈话后心里很不好受，他想到了父母为了他每天都十分操劳，眼泪禁不住流了下来。

从那以后，他突然变得乖了许多，有什么事情都和父母分担，父母也变得开心了好多，不仅如此，他还把自己的学习和生活中不愉快的事告诉父母，始终保持一种愉悦的心情，学习成绩突飞猛进。他在一次班会中谈到自己的感受："希望大家有什么事一定要和自己的父母商量，不要老憋在心里，和父母畅所欲言，父母才会真正地快乐。"

当然，很多人还是不习惯和父母诉说一些心事，不过也没关系，我们也可以采用其他的方式，比如写信、发短信都行，只要能表达自己对父母的爱并且让他们知道就行。

青少年一般都比较喜欢倾听朋友的诉说，采纳朋友们的意见，而往往不知道父母的话更是金玉良言，才是你的解心锁。父母才是你一辈子真正的知心朋友，你不开心他们陪你不开心，你快乐的时候他们也更快乐。所以我们有什么烦心事都可以给父母说，认真听取他们的意见和建议，他们的生活阅历会给我们切实有效的指导，并且我们的倾诉能给他们带来快乐。

恰当地表达自己的意见

父母与我们所处的时代环境不同，很多时候我们的想法与他们的观点很不一样，因此很多青少年朋友与父母发生分歧时就对父母的态度不是很好，甚至有点不尊重父母。我们要懂得，不管我们与父母的观点有多么的不同，我们都应该恰当地表达出来，而不要表现出很不耐烦的样子，表达不恰当的话不但会伤了父母的心，自己的问题也不会得到很好的解决。

相信许多人都有类似的经历，当你想去看电视的时候，爸爸说："看什么看，还不如多看点书！"当你偷偷地把日记找出来，想把心事写下来的时候，却发现日记不知什么时候已被人看过了；当有异性同学打电话给你的时候，妈妈在旁注意地听着，过后还不断地问这问那，一副怀疑的样子；当你告诉妈妈，自己考了 90 分时，妈妈却说："为什么不考 100 分，这么容易满足！"于是你觉得很扫兴，父母简直不理解自己，根本就是无法沟通。

以上都是一些普遍的现象，严重的还有以下的情形。

有位男生说："在外面比在家舒服多了。"他宁可睡公园的石凳也不回家面对父母；有位女生半夜三点多偷偷外出；在市场上，父女在大庭广众之下吵起来；有位男生嫌父亲妨碍自己打游戏机，竟追着父亲打……

孩子与父母之间的这些矛盾是非常普遍的现象，它并不是某一个家庭才有，也不是某个人所独有。这主要是因为青少年时期正是孩子与父母关系中的疏远期，同时也正处于心理断乳期。这时的青少年已具备一定程度的独立思考能力、独立生活能力，自我意识强，迫切希望摆脱父母的约束而获得心理上的自由。而许多父母往往不理解青少年的心理，不善于或不愿意使青少年获得和自己平等的地位，从而使孩子和父母的关系中出现了矛盾和摩擦。

如果你认为父母确实做得不对，该如何向父母提意见呢？你可以试着将

你的想法表达出来，千万不要压抑心中的不满。比如当父母偷看你的日记或旁听你的电话时，如果你对父母大吵："为什么不尊重我？"反而会使父母觉得你将他们看成外人，会很伤心，你可以用一种较为轻松的方式表达"我的不满是有道理的"。如果父母偷看你的日记，你可以先装作不知，在他们下次听电话时凑过去装着听的样子，或者装着想看父母日记的样子，当他们责备你的时候，你便可以将自己的感受讲出来，这样他们就比较容易理解和接受了。又比如，当你们发生冲突或误会之后，在母亲节或父亲节时送上一张小卡片，在为他们祝福的时候同时说出自己的感受，或为他们点一首歌，并附带讲出自己的心里话，那么大部分家长都可以接受。

平时多与父母沟通，可以让你们的交流更通畅。如可以多向父母了解他们的过去。多问问父母："你以前是怎样的？"了解他们的趣事，有利于双方沟通。虽然年代不同，但仍有许多感受是相同的，比如贪玩、顽皮、恶作剧、叛逆等。父母有时会忘了他们以前这些感受，而用一些他们自认为很对的方式要求我们，这样一谈，会使他们想起自己的过去，从而更好地理解我们的感受："我们当时不也是这样的吗？"很多时候，当父母讲起"想当年，我……"时，不少同学都会感到厌烦甚至反感，其实，我们并没有努力从中找出与父母相类似的感受，而是一下子就树立了对抗情绪，阻碍了继续更好地沟通，如果我们注意倾听的话，我们与父母一定会产生共鸣，把心拉得更近的。

可以采取迂回的方式，赞美父母并虚心请父母提意见。父母也是人，也喜欢赞美，并且人都有一点逆反心理，多赞扬父母反而会使他们意识到自己的不足，同样，多请父母对自己提出批评，并虚心接受正确的意见，也会使他们注意到自己的不足，也可以使双方更为了解。

总之，我们不能用一种非好即坏的眼光去评价父母，不能认为这样就是一个好爸爸、好妈妈，那样就是一个坏爸爸、坏妈妈，给我埋单车的妈妈就好，批评我的妈妈就不好。世界上有很多事情都不是绝对的，有好的方面，也有不够好的方面。爸爸妈妈也一样，我们要善于发现他们的优点，也要宽容他们的缺点，"人非圣贤，孰能无过？"但是有再多缺点的父母也是爱自己的儿女的。只要我们用心去发现，就一定可以从父母啰唆、严格、不近人情的表面发现他们爱我们的内心。

父母也是一个平凡人，也有平凡人的缺点，而且大多数父母都是“望子成龙，望女成凤”，对儿女的期望值很高，也许会常常拿你和其他更出色的同学比较，骂你没用，他们可能文化水平不是太高，并不是太懂得如何去表达自己的期望，但是出发点是好的。在理解了父母的用心良苦之后，我们的心态就会变得平和，就会明白我们应该用恰当的方式表达自己的意见。

不做父母面前的反叛者

如果我们留心一下周围的生活，都会听到青少年朋友这样的议论：

“我家里人总是啰里啰唆，我干了点不对的事，就唠叨个没完没了，真是烦死了！”

“我爸爸妈妈什么事都要管一管。一会儿这样，一会儿那样，连我的零花钱怎样花也要过问，真讨厌！”

爱唠叨、管孩子比较严的父母的确有。当然，大多数同学都不喜欢听父母唠唠叨叨，有的爱说爸爸妈妈得了“嘀咕病”，有的更是会与父母顶撞，闹得大家心里都不愉快。但是，我们是否认真想过，父母为什么爱唠叨，为什么要对你管这管那呢？

其实，父母的唠叨和管制里面往往蕴涵着一颗爱心。父母不厌其烦地说来说去，本意都是为了孩子们好。如果孩子有缺点，父母不批评不指出，反而视若不见，甚至处处迁就，那不是害了孩子吗？我们不能一听父母说自己的缺点就心烦，就摆一副讨厌的样子。当父母唠叨的时候，我们应静下心来仔细想一想，父母唠叨是不是有道理？一般来说，父母的唠叨是不会无缘无故的。如果他们唠叨的并不是事实，那我们应耐心听完后，等他们心平气和时再作必要的解释。古语不是说“有则改之，无则加勉”吗？只要你能体会到父母的唠叨实际上都是出自亲情与关心，相信你就能理解和正确处理好与父母的关系了。

生活中，也有这么一种情况，有些成年人的确天生就有一张“唠叨嘴”，稍微心烦，就会唠叨个不停。碰上这种情况，我们做子女的心里当然是不好受的，但还得学会去了解和体谅他们的性格。每个人都有各自不同的个性，了解了父母的这种个性，心里就会多一些宽容，多一份谅解。当然，要求同

学们能完全理解父母的个性和心情，也是件不容易的事，但只要大家懂得这一点，并学着去做，相信在你的努力下，一定能帮助父母把爱唠叨的习惯渐渐改掉的。

我们来看看欣欣吧！她是一个懂事的孩子，面对爱唠叨的妈妈，她是这样做的。

有一次，她在学校出墙报，很晚才回到家，把妈妈吩咐去取衣服的事忘个一干二净。她想，这下准糟了，回家保证又少不了要恭听妈妈的唠叨了。回家路上，她灵机一动，买了两个香喷喷的、妈妈平时最爱吃的羊角面包。回到家里，妈妈果然满脸不高兴，正待数落她。欣欣没等她开口，就恭恭敬敬地把面包放到她手里，笑着说："妈妈，我今晚出墙报，回来晚了。来不及去取衣服，只能让您跑一趟。妈妈，您今天辛苦了，今晚我来做饭吧！"于是，欣欣拿起锅量了米煮起饭来。妈妈听她左一声"妈妈"，右一声"妈妈"地叫个不停，看看手里还热乎乎的面包，无可奈何地笑了。这次她可没唠叨，只是嗔怪地说了声："看你这鬼丫头！"欣欣不由得伸了一下舌头，得意地笑了。

我们看，欣欣同学的办法是不是蛮好？假如你有爱唠叨的爸爸妈妈，是不是也可以学学欣欣，找一些巧妙的办法，减缓父母的唠叨呢？

不过，不管怎么做，最要紧的是多理解和多体谅一下爱唠叨、爱管你的爸爸妈妈，不要用反叛来对抗。

汉朝时，大梁有个叫韩伯愈的人，本性纯正，孝敬父母，是一位著名的孝子。他的母亲对他管教很严格，稍微有点过失，就举杖挥打。有一天伯愈在挨打时，竟然伤心哭泣。他的母亲觉得奇怪，问道："往常打你时，你都能接受，今天为什么哭泣？"伯愈回答道："往常打我我觉得疼痛，知道母亲还有力气，身体健康，但是今天感觉不到疼痛，知道母亲身体衰退，体力微弱。所以伤心得禁不住流下了泪水，并不是疼痛不甘心忍受。"由此可见他非常孝敬母亲。

经常与父母作对说明你的思想还不成熟，你还没有经历风雨，如果你经历了，你便会知道，这个世界上唯一不会背叛你的就是你自己的父母，他们在你成功时会为你开心，在你落寞时会为你加油，而绝对不会在你成功时暗自嫉妒你，在你落寞时讽刺你，同学们尽量地遵守父母的意见，它绝不会让你走上弯路，爱自己的父母的话，我们现在就应该立刻行动起来。

回报父母“理所当然”的爱

英国作家戴顿有一部名叫《舍己树》的作品，主角是一棵深爱着某个男孩的树。

男孩年纪尚小的时候，吊在树枝上荡秋千，上树摘果子，在树阴下睡觉。那真是一段快乐无忧的日子，树很喜欢那些时光。后来小男孩逐渐长大了，他跟树在一起的时间愈来愈少。

“来啊！让我们一起玩耍。”树有一次说。

但年轻人一心只想赚钱。

“拿我的果子去卖吧！”树说。

他果然那样做了，赚了很多钱，树很快乐。

年轻人很久没有回来。有一次他路过树下，树向他微笑说：“来啊！让我们玩耍！”但这个中年人已经失去朝气，只想远离身边的一切，去一个没人认识他的地方。

“把我砍下来，拿我的树干去造一艘船，你就可以远走高飞了。”树说。

那人果然这么做了，树很快乐。

许多季节过去了——冬去春来，多风的日子和孤寂的晚上，树在等待。最后，那人终于回来了，年老和疲惫使他不能再渴望玩耍、追逐财富或出海航行。

“朋友，我还有一个不错的树桩，你何不坐下来休息一会。”树说。

他果然那样做了，树很快乐。

在我们一生中，曾拥有多少舍己的树？多少人牺牲了自己的一部分，默默无闻，却成全了我们的抱负和梦想？在寂静的夜里如果我们每个人能够读读这篇《舍己树》，就会发现，它与我们的父母是如此的相似。

1962年，陈毅元帅出国访问回来，路过家乡，抽空去探望身患重病的老母亲。

陈毅的母亲瘫痪在床，大小便不能自理。陈毅进家门时，母亲非常高兴，刚要向儿子打招呼，忽然想起了换下来的尿裤还在床边，就示意身边的人把它藏到床下。

陈毅见到久别的母亲，心里很激动，上前握住母亲的手，关切地问这问那。过了一会儿，他对母亲说："娘，我进来的时候，你们把什么东西藏到床底下了？"母亲看瞒不过去，只好说出实情。陈毅听了，忙说："娘，您久病卧床，我不能在您身边伺候，心里非常难过，这裤子应当由我去洗，何必藏着呢？"母亲听了很为难，旁边的人连忙把尿裤拿出，抢着去洗。陈毅急忙挡住并动情地说："娘，我小时候，您不知为我洗过多少次尿裤，今天我就是洗上10条尿裤，也报答不了您的养育之恩！"说完，陈毅把尿裤和其他脏衣服都拿出去洗得干干净净，母亲欣慰地笑了。

父母是赐予我们生命的人，是他们把我们带到这个世界上，养育我们，教育我们，使我们健康快乐地生活，茁壮成长。在这么多年中，父母给我们的爱无法衡量。

然而，父母在一点一点地变老，我们孝敬父母的，孝养父母的时间也在一日一日地递减，如果不能及时行孝，会徒留终身的遗憾；如果没有办法把握与父母相聚的时间来孝敬他们，等到你想要来报答亲恩的时候，为时已晚。但愿我们在父母健在的时候，孝养要及时，不要等到追悔莫及的时候，才思亲，痛亲之不在。而现在，我们唯一能报答父母的就是用心地学习，不让他们失望。

父母的爱，可能真的是这个世界上唯一绝对无私的感情。他们对子女没有任何奢求，他们从来没有想过要得到子女的任何回报，那么子女对父母的爱，也应该是绝对纯粹的。

当夏天的夜晚来临时，我们是否想到过早早地开冷风让房间凉爽，父母入睡再及时地关掉冷风，以免着凉？冬天时，是否想到开暖风让父母感到丝丝暖意？行孝，不是孝子的专利，而是天下所有做子女的应该做的事情。

《礼记》中说"恒言不称老"。为人子女永远不要在父母面前声称已老，一位孝顺的孩子，总是想方设法让父母察觉不到岁月的流逝，年纪的增长，

为了让父母过上幸福快乐的生活，想尽办法来体慰父母的心，把这句善体亲心的话发挥得淋漓尽致。人都有孝心、孝行，天下不会有铁石心肠的人。只要我们肯用心，发自内心地对父母孝顺奉养，父母会感动的，我们也会感受到父母真诚的爱，而这种力量只在我们的一念之间，这一念就是纯洁之孝，也就是每个人心目中都有的纯孝。

我们要知道，尽孝并不是要用物质来衡量的，而是要看你对父母是不是发自内心的诚敬，孝无贫贱之分，上至大官下至百姓，只要有孝心，在任何情形之下，不计千辛万苦，你都能尽力去做到。而当父母上了年纪时，更需要的是精神上的关爱，行动起来吧！让父母感受到亲情的温暖！

做些力所能及的小事

中国有句古语："百善孝为先。"意思是说，孝敬父母是各种美德中占第一位的。一个人如果都不知道孝敬父母，就很难想象他会热爱祖国和人民。

古人说："老吾老，以及人之老；幼吾幼，以及人之幼。"我们不仅要孝敬自己的父母，还应该尊敬别的老人，爱护年幼的孩子，在全社会造成尊老爱幼的淳厚民风，这是我们新时代学生的责任。

子路，春秋末鲁国人。在孔子的弟子中以政事著称。尤其以勇敢闻名。但子路小的时候家里很穷，长年靠吃粗粮野菜等度日。

有一次，年老的父母想吃米饭，可是家里一点米也没有，怎么办？子路想到要是翻过几道山到亲戚家借点米，不就可以满足父母的这点要求了吗？

于是，小小的子路翻山越岭走了十几里路，从亲戚家背回了一小袋米，看到父母吃上了香喷喷的米饭，子路忘记了疲劳。邻居们都夸子路是一个勇敢孝顺的好孩子。

小李一直是一位懂事听话的孩子，由于自己的家境不好，父母每天都在外面干活很累，她一放学就帮着家里做些力所能及的事情，知道爸妈都舒服地吃晚饭了，她才去做作业，天天如此，不过她的学习成绩并没有受到影响，反而让年幼的她早早地懂得了生活的艰辛，这让她比别人更懂得了学习的含义，是的，在她的心里一直想着"知识决定命运"，她这种向上的精神得到了身边许多人的赞赏，同学老师都纷纷来帮助她，如今她已经考上了自己心仪的大学，她说感谢贫穷让她早早地懂得了生活的艰辛，还希望大家尽可能地帮助父母减轻他们的负担。

帮父母做些力所能及的小事，我们才会真切地体会到父母的辛劳。

寒假里，响应学校孝敬父母的号召，过惯了衣来伸手、饭来张口的生活

的小良，决定帮爸爸妈妈到市场去买菜。揣着 100 块钱，跟爸妈打了声招呼他便匆匆出门了。好不容易走到了菜场，小良觉得腿已经有些酸了，已近大年夜，看着被置办年货的人们“填满”的市场，心里都凉了半截……

在人群中奋斗了大半天，总算挤进了菜场。鱼摊、菜摊、肉摊，一个个摊贩卖力地吆喝着，让人眼花缭乱，好不热闹！望着这么多东西，小良竟然一时拿不定主意了。想起以前，爸爸转了半天买了菜回来，小良却挑三拣四的，现在才知道，买菜也是一件烦人的苦差事。走着走着，不知不觉中已经绕了菜场三圈，小良狠了狠心，胡乱买了些自己爱吃的，便准备离开。忽然，想起妈妈最近病了，于是又折回菜场，买了些青菜。就这样，小良提着大包小包“满载而归”。

回到家后，才被爸妈告知，小良买的东西根本不能搭配，什么豆腐、猪肉、胡萝卜……哎！小良竟然忘了买菜还要搭配，于是，中饭就在一顿草草的菜泡粥中收场了……

晚上，小良想了很多：父母不管多累，多辛苦，永远不会表现在孩子面前，正因为他们是父母，所以，他们已经习惯了变成善于伪装的人，伪装他们的辛劳，却向他们的孩子们表现出一颗炽热的心。

多帮父母做点力所能及的事吧！既可以报答辛苦培养自己的父母，尽到做子女的一份心意，同时也能得到锻炼和快乐。

容忍父母的啰唆

幼儿园门口，早上送孩子进园的家长很多，大人小孩，熙熙攘攘，你来我往，煞是热闹。

一位年轻的母亲把儿子从摩托车上抱下来，帮他整理了一下稍有些皱的衣服，然后对他说："吃饭前一定要洗手呵。"她知道儿子贪玩，手上会乱抓东西，很容易弄脏。儿子听了，点点头，转身进了大门。那位母亲站在门外，又叫道："吃饭前一定要洗手呵。"儿子却头也没回，再看，已经不见了。

我有位姓李的朋友，结婚不久。有一次和我们在一起吃饭，还没有开始，他妻子的电话到了。也没有什么要紧的事，妻子在电话里要他少喝点酒，因为他有脂肪肝。他说知道了。

几位都是平时难得一聚的朋友，酒瓶一开，大家高兴，喝开了。

不一会儿，他的手机又响了，还是他妻子打来的，仍然是那句话，要他少喝点酒，她知道，我们几个聚到一起少不了要闹酒，她不放心。这位姓李的朋友关了手机，有些不好意思，说："我这老婆，什么都好，就是啰唆，一句话翻来倒去地说。也不知怎么回事，婚前她怎么没有这毛病呢?"

想起读中学时教我们历史的一位老师，他有一句口头禅，叫"再说一遍"。"我再说一遍，这个地方你们一定要注意。""我再说一遍，这个问题应该这样看。""我再说一遍……"听得多了，便觉得有些烦。记得那年高考的时候，历史试卷上遇到了好几处那位老师"再说一遍"时强调的东西，我一边答卷，一边暗暗庆幸。

再说一遍，这就是爱和呵护。是那一份爱心让语言变得琐碎而缠绵，只有再说一遍，心中的那份爱才会感到妥帖，才能安稳，倘若说少了，便会觉得欠缺了什么，便不放心。

父母也许常常对你极其唠叨，但他们生你养你，唠叨几句就请听进去吧！对你只有好，没有坏处。你也许还不会了解，到你大了，也许是你对另一个人唠叨了，当那人也说你唠叨，你会怎么想？你会很伤心的。

下面看报纸上的一篇文章，相信你们看到也会感同身受，容忍父母的唠叨。

过年前，父母来了几个电话，问我几时能回家。说得多了，我便嫌父母太唠叨，于是，总以“忙”为借口，不耐烦地将电话搁下。

三天后，父母突然出现在我的面前。他们料定，因为我的“忙”，家里定是一片狼藉。

“屋子里真够乱的！”母亲一边说，一边开始马不停蹄地整理东西。厨房里的油壶早已空了，方便面的空盒还在桌上搁着，垃圾篓里挤满了快餐盒，还有烂掉的青菜和番茄……

父亲没吭声，在扫地的同时，呵呵地笑着。母亲便开始唠叨，不是嗔怪父亲，就是说我不会自理生活。

“儿子是不是像你呀？”母亲故意诘问父亲，父亲半天不语，一脸的憨态，一会儿，自顾自笑了：“他可不像我，我那时可爱干净了！”“你干净？那次我出差到杭州三天，回家后发现，灶台上居然积了厚厚一层灰……”

晚上我下班回家，饭菜的香味已从门缝里溜出来，母亲与父亲的声音也此起彼伏，家的温馨如烟般弥漫。

我进门，听到母亲的唠叨在继续，父亲那木讷的朴实也在继续……

“你就知道站着，怎么不多帮儿子干点？”母亲在数落父亲。

“我把高压锅松开的螺钉拧好了，不亮的灯泡也换了呀！”父亲嘟囔着。

“那就没事了？生活生活是‘生’出来的‘活’呀！这么老了还要教啊？”

“我把家具都抹过了。”父亲在旁应和。

“知道你干不了活，叫你不要来你却偏要来……”母亲一边忙着清洗我的床单被套，一边唠叨个不停。

我站在一旁，笑了。此时此刻，我仿佛回到了童年——沙锅里冒着香浓的热气，煤气灶里的火“丝丝”地燃烧着，母亲的声音如灵动的旋律般婉转，父亲的眼神是慈祥的，跑进客厅的阳光是温暖的，窗外的天空是明净的……

只是现在的父亲，头发黑白掺杂，背有些驼了，脸上爬满了皱纹。而母

亲，声音嘶哑，唠叨没变，染后的白发又窜了出来。我突然想，过年，已经不仅仅是吃喝等形式，更重要的是回家团聚，陪父母唠叨。

许多时候，人是不喜欢听唠叨的，尤其是面对长辈的唠叨。因为长辈的唠叨更多的是柴米油盐酱醋茶，穿衣的冷暖、饭菜的可口、出行的担忧，而这些都是年轻人不屑的。因为年轻人懂这些道理，只是他们不懂得长辈唠叨的道理。

过年就回家吧！可以什么都不带，只要怀着一腔朴实和真诚，回去暖暖父母的心就可以了。他们需要的不是儿女带回家多少钱，不是儿女回家干多少活，而是能多给儿女做几顿饭，多与儿女聊聊天。你信不信，只要你用心去倾听父母的唠叨，一定会大有收获，一定会感慨良多，而且你会一年更比一年爱听他们的啰里啰唆。

了解父母，缩小代沟

小强从小聪明好学，深得父母疼爱。但在生活上过分依赖父母，早上要父母督促起床，吃饭碗筷全准备好，穿什么衣服和鞋子要父母做主，晚上睡觉要一遍遍地催，家务事一概不沾手。

初中二年级以后，小强渐渐对父母产生莫名的紧张感，不爱与父母说话，做作业紧关房门，硬让其打开，他就呆坐着，或慌忙把正在写的日记本收藏起来，经常看侦探小说至深夜不肯睡觉，父母稍加管教，他就大发脾气，嚷嚷要搬出去一个人住。平时，常常流露出孤独、迷茫和不安的神情。有几次父母被他的神情吓坏了，就劝说他到心理咨询门诊。经过心理医生的循循引导，小强告诉医生，我并不怀疑父母是爱我的，他们无微不至地关心我的生活，如此精心地安排我的一切，可我们不能说话，一说话，就让双方清楚地看到横在我们面前的那条无形的沟，我们是两个世界的人，真的说不到一块去，父母的观念太陈旧落伍，尤其是妈妈，太唠叨了，我和父母简直无法待在一块。

这是由于两代人的心理差异所引起的隔阂。有句外国谚语说得好，“青年人相信许多假东西，老年人怀疑许多真东西”，形象地描述了两代人之间的心理差异。十几岁的青少年正处在由儿童向成年人过渡的成长时期，生理心理发生着急剧的变化，内心充满了矛盾和冲突，如果父母不能理解他们心理上的特殊性，就容易引起他们的抵触和反抗，产生所谓的“代沟”问题。孩子逐渐独立、长大，而又无法摆脱对父母的依赖，父母心中的孩子还是小时候的样子，责怪孩子越大越不听话，越大越不服管，结果两代人的心理距离越拉越大，对彼此的不满越积越深，双方越看越不顺眼，思想上很难沟通，父母的话成了最不中听的，孩子也不愿对父母讲心里话。

“代沟”是客观地、普遍地存在的，任何父母和子女都不可避免地要遇到这个问题。但这绝不是不可逾越的鸿沟，因为父母与子女之间没有根本的利害冲突，所以，“代沟”是可以调节，可以缩小的，关键是双方要经常保持必要的沟通，加深理解。

“子女好与坏，在乎沟通与关怀”。这句话主要是讲父母应该多与子女沟通，多些了解子女的想法，理解子女的做法。但是话又说回来，沟通应是双向的交流，与父母关系如何，子女也应该负一定的责任。我们也可以说，与父母沟通如何，子女应负一半的责任。记得有句名言这样讲：世界上没有相处不了的人，只有不会相处的人。这说明，再难相处的人也是可以相处好的，关键是用什么方式。也就是说，代沟虽然很难完全消除，但是可以通过沟通尽量使代沟缩小。

作为子女应当注意要尊重父母，在与父母发生意见分歧时，如果一听到父母的不同意见就反感，就觉得“烦死了”，那么，如何进一步去寻找共同语言呢？俗话说：“家中有老，黄金活宝。”父母讲的老一套，正是他们长期生活经验的结晶，在子女的成长过程中起着指导性的作用。在父母眼里，孩子再大也是孩子，对孩子学习生活中的事情总是不放心，总怕他们处理不当，影响前途，这在子女看来完全是多余的担心，但这正是父母的责任感和对子女的疼爱之情。许多父母宁愿自己节衣缩食也要尽可能为子女的成长创造更多的条件，作为子女，应当充分理解父母的良苦用心；要与父母积极沟通。要经常主动积极与父母进行思想、感情的沟通和交流，与父母谈谈自己的心里话，让父母帮助分析生活和学习中的难题，出出主意，也可以同父母一起探讨一些新的观念，新的思想，彼此交换不同的看法。这样在感情上融洽一致，思想上就容易消除分歧，获得共同的语言。要相信，每一次沟通的努力都会促进信任，加深感情。

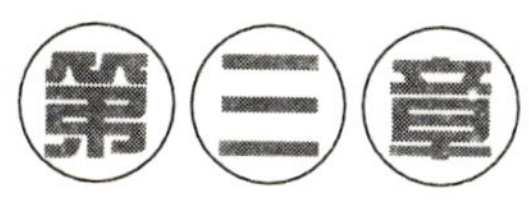

第三章

坚定意志，做生命的强者

你见过巍巍的昆仑吗？其直指苍天、万鸟难越的气势是否令你敬仰？可谁知道，在远古的造山运动中，它经历过摧心裂骨、熔岩石浆的煎熬？你见过搏击苍穹的雄鹰吗？其傲视大地挺立风雪的气质是否令你倾慕？可在这之前，它是怎样地在雷电交加的夜晚、北风凛冽的寒冬苦练飞翔？它们，都是生命的强者！它们，都在千锤百炼中成为烈火金刚，成为展翅凤凰。

作为青少年，面对生命的强者，我们除了仰慕、敬佩，更应从中汲取力量，然后把要做强者的理念融入其中，使自己成为强者。

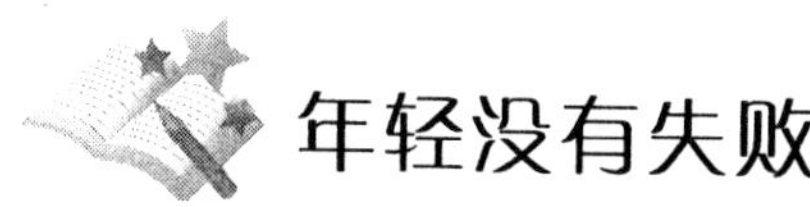

年轻没有失败

生活没有一帆风顺的，青少年朋友，漫长的人生旅途才刚刚起步，我们现在所遇到的困难对于今后所要承受的困难来说只是九牛一毛。但是我们要相信，因为我们年轻，所以我们有足够的时间从头再来；因为我们年轻，所以我们有足够的能量为自己的梦想而打拼。青少年一定要记住：年轻没有失败。下面我们来看看这些人年轻时候的故事：

曾经有一位年轻人非常渴望成为一名播音员，于是他决定去一家电台面试，但是面试官直接拒绝了他的请求，因为他的嗓音不符合播音员的要求。面试官还讥笑地告诉那个年轻人，由于他那令人生厌的长名字，他永远也不可能成名。这个年轻人就是后来印度电影界的“千年影帝”阿穆布·巴克强。

1962 年，4 个初出茅庐的年轻音乐人紧张地为“台卡”唱片公司的负责人演唱他们新写的歌曲。这些负责人对他们的音乐不感兴趣，拒绝了他们发行唱片的请求，其中一位甚至还说：“我们不喜欢听他们的声音，吉他组合很快就会退出历史舞台了。”这 4 个人的音乐组合名字叫做“披头士”。

1944 年，“名人录”模特公司的主管埃米琳·斯尼沃利告诉一个梦想成为模特的女孩——诺马·简·贝克说：“你最好去找一份做秘书的工作，或者干脆早点嫁人算了。因为你根本就成不了模特，你以后更不会出名的。”这个女孩就是后来的艺名叫做玛丽莲·梦露的人。

1954 年，“乡村大剧院”旗下一名歌手首次演出之后就被开除了，老板吉米·丹尼对那名歌手说：“小子，你哪儿也别去了，回家开卡车去吧！你根本就不适合唱歌。”这名歌手名叫艾尔维斯·普雷斯利，绰号“猫王”。

1940 年，一位年轻的发明家切斯特·卡尔森带着他的专利走了 20 多家公司，包括一些世界最大的公司，但它们无一例外地拒绝了他。1947 年，在

他被拒绝7年后，终于，纽约罗彻斯特一家小公司肯购买他的专利——静电复印。这家小公司就是后来的施乐公司。

有一个黑人小姑娘，在家中22个孩子中排行第20，由于她出生时早产而险些丧命。她4岁时患了肺炎和猩红热，她的左腿因此而瘫痪。9岁时，她努力脱离金属腿部支架独立行走。到13岁时，她勉强可以比较正常地行走，医生认为这是一个奇迹。同年，她决定成为一名跑步运动员。她参加了一项比赛，结果是最后一名。随后的几年，她参加每一项比赛都是最后一名。每个人都劝她放弃，但是她还是跑着。直到有一天，她赢得了一场比赛。此后，胜利不断，直到在每一场比赛中取胜。这个黑人小姑娘就是“黑色羚羊”威尔玛·鲁道夫，3枚奥运金牌的获得者。

看完了上面几个成功的人年轻时经历过的故事，我想每一位青少年都会有所感悟，其实每一个人都曾经被别人或自己否认过，不过有的人成功了，有的人却失败了，只是因为那些最后成功的人并没有因为小小的挫折就停滞不前，他们坚信年轻没有失败，他们敢于为自己的理想不断地奋斗，并最终获得成功，实现自己的人生价值。

下面的这个小故事相信每一位青少年朋友看了也会有所领悟。

有一天，一个农民的驴子掉到了枯井里。那可怜的驴子在井里凄惨地叫了好几个钟头，农民在井口急得团团转，就是没办法把它救起来。最后，他断然认定：驴子已经老了，这口枯井也该填起来了，不值得花这么大的精力和时间去救驴子。

于是农民把所有的邻居都请来帮他填井。大家抓起铁锹，开始往井里填土。

驴子很快就意识到发生了什么事，起初，它只是在井里恐慌地大声嚎叫。不一会儿，令大家都很不解的是，它居然安静了下来。几十锹土过后，农民终于忍不住朝井下看，眼前的情景让他惊呆了。每一锹砸到驴子背上的土，它都作了出人意料的处理：迅速地抖搂下来，然后狠狠地用蹄子踩紧。就这样，没过多久，驴子竟把自己升到了井口。它纵身跳了出来，快步跑开了，在场的每一个人都惊诧不已。

其实，生活也是如此。各种各样的困难和挫折，会如尘土一般落到我们的头上，青少年要想从这苦难的枯井里脱身逃离，走向人生的成功与辉煌，

办法只有一个，那就是将它们统统都抖搂在地，重重地踩在脚下，在与失败亲密接触之后，再将它狠狠地扔掉，踩在它的肩膀上一步步向成功走去。我们要相信自己的能力，用自己的坚强毅力去战胜一切困难，当你回头看时，我相信你看到的没有什么所谓的失败，它们只是你成功前的小小障碍而已。记住我们还年轻，我们没有失败。

做越挫越勇的狮子

在广袤的大草原里，狮子就是王者的象征，每一个人都想去做那个狮子王，可是狮子也不是从来就是那么强大的，它们也是在每一次的拼搏中获得自己无以取代的地位的，一次次的拼搏培养出了它们越挫越勇的坚韧性格。每一位青少年也都应该学习狮子的那种越挫越勇的拼搏精神，为了实现自己的理想而不懈奋斗。

家境贫寒，母亲早亡，孤苦奋斗，厄运不断，屡战屡败，却最终成了写下辉煌历史的人物。林肯的简历也许能给青少年朋友们带来深思和启发——

1809 年，出生在寂静的荒野上的一间简陋的小木屋。

1816 年，7 岁，全家被赶出居住地。经过长途跋涉，穿过茫茫荒野，找到一个窝棚。

1818 年，9 岁，年仅 34 岁的母亲不幸去世。

1826 年，17 岁，已经什么农活都能干了，经常帮人打零工。

1827 年，18 岁，自己制作了一艘摆渡船。

1831 年，22 岁，经商失败。

1832 年，23 岁，竞选州议员，但落选了。想进法学院学法律，但进不去。

1833 年，24 岁，向朋友借钱经商，年底破产。接下来花了 16 年，才把这笔债还清。

1834 年，25 岁，再次竞选州议员，竟然赢了。

1835 年，26 岁，订婚后即将结婚时，未婚妻死了，因此心也碎了。

1836 年，27 岁，精神完全崩溃，卧病在床 6 个月。

1838 年，29 岁，努力争取成为州议员的发言人，没有成功。

1840 年，31 岁，争取成为被选举人，落选了。

1843 年，34 岁，参加国会大选，又落选了。

1846 年，37 岁，再次参加国会大选，这次当选了。

1848 年，39 岁，寻求国会议员连任，失败了。

1849 年，40 岁，想在自己的州内担任土地局长，被拒绝了。

1854 年，45 岁，竞选参议员，落选了。

1856 年，47 岁，在共和党的全国代表大会上争取副总统的提名，得票不到 100 张。

1858 年，49 岁，再度参选参议员，再度落选。

1860 年，51 岁，当选美国总统。

林肯对自己的评价：虽然心碎，但依然火热；虽然痛苦，但依然镇定；虽然崩溃，但依然自信。因为我坚信，对付屡战屡败的最好办法，就是屡败屡战、永不放弃。

这就是林肯，美国第 16 任总统，一个令全世界都为之叹服的伟人。

是啊！一个人的人生之路不可能总是平坦的，总有曲折甚至是障碍让你不断地跌倒。跌倒并不可怕，可怕的是跌倒之后爬不起来，尤其是在多次跌倒以后失去了继续前进的信心和勇气。唯有像林肯那样，不管经历多少不幸和挫折，内心依然火热、镇定和自信，以屡败屡战和永不放弃的精神去对付挫折和困境。

著名的物理学家霍金在 17 岁时进入牛津大学学习物理，到牛津的第三年，霍金注意到自己变得更笨拙了，有一两回没有任何原因地跌倒。直到 1962 年霍金在剑桥读研究生后，他的母亲才注意到儿子的异常状况。刚过完 21 岁生日的霍金在医院里住了两个星期，经过各种各样的检查，他被确诊患上了“卢伽雷氏症”，即运动神经细胞萎缩症。大夫对他说，他的身体会越来越不听使唤，只有心脏、肺和大脑还能运转，到最后，心和肺也会失效。霍金被“宣判”只剩两年的生命，那是在 1963 年。起初，这种病恶化得相当迅速。这对霍金的打击是可想而知的，他几乎放弃了一切学习和研究，因为他认为自己不可能活到完成硕士论文的那一天。不过他的坚强毅力还是战胜了他的胆怯。1970 年，在学术上声誉日隆的霍金已无法自己走动，他开始使用轮椅，直到今天，他再也没离开它。1991 年 3 月，霍金在坐轮椅回柏林公寓

的途中，过马路时被小汽车撞倒，左臂骨折，头被划破，缝了 13 针，但 48 小时后，他又回到办公室投入工作。又有一次，他和友人去乡间别墅，上坡时拐弯过急，轮椅向后倾倒，这位引力大师被地球引力翻倒在灌木丛中。1985 年，霍金动了一次穿气管手术，从此完全失去了说话的能力。他就是在这样的情况下，极其艰难地写出了著名的《时间简史》，探索着宇宙的起源。

他被禁锢在一把轮椅上达 40 年之久，却身残志不残，克服了残疾之患而成为国际物理界的超新星。他不能写，甚至口齿不清，但他超越了相对论、量子力学、大爆炸等理论而迈入创造宇宙的“几何之舞”。尽管他那么无助地坐在轮椅上，他的思想却出色地遨游到广袤的时空，努力开解着宇宙之谜。霍金的魅力不仅在于他是一个充满传奇色彩的物理天才，也因为他是一个令人折服的生活强者。他不断求索的科学精神和勇敢顽强的人格力量深深地吸引了每一个知道他的人。

我们应该学习这些伟大人物越挫越勇的坚韧性格，不服输，不怕失败，勇于做困难面前的强者。

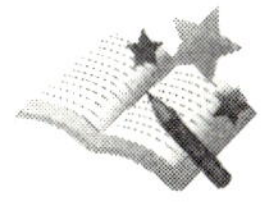

带梦走吧，现在就出发

青少年还处于人生成长的初级阶段，很多的东西才刚刚接触，每个人都有很多的梦想等待实现，可是为什么最终只有部分人实现了自己的梦想呢？原因在于这些人不只拥有梦想，还拥有带着梦想出发的勇气。既然拥有梦想，就要努力去做到，这才是走向成功的真谛。计划不去执行，永远只是一纸苍白。知道再多的理论，懂得再多的道理，如果不去实践、不去反思，不去把道理内化为自身的一部分，就等于什么也不知道，什么也不懂。就像一张地图，不论多么详尽，比例多么精确，如果你不行动就永远不可能在地面上移动半步。只有行动才能使梦想、计划、目标具有现实意义。

周恩来在沈阳读书的时候，只是个十二三岁的少年。他学习非常勤奋、刻苦，常常和老师同学一起讨论自己在阅读书报时思考的问题。当时他们讨论得最多的是怎样救国和宣传救亡的问题。

有一天，东关模范高等学堂的魏校长把同学们召集起来，问大家："读书为了什么？"

有的同学说："为了给自己将来找条出路。"

有的同学说："为了能发财致富。"

还有个同学说："为了帮助父母记账。"原来他的父亲是个商人。

魏校长问周恩来："你呢，为什么读书？"

周恩来站起来，大声地说："为中华之崛起而读书。"

为了实现这一理想他一直在一步步踏实地努力着，我们不会忘记周恩来为实现他的理想而刻苦读书的历历往事：

图书馆，他专心致专，如饥似渴。

旅行途中，他争分夺秒，不知疲倦。

“大江歌罢掉头东”，他东渡日本，为的是寻求救国救民的真理。

他远涉重洋，赴法勤工俭学，为的正是中华之崛起……

读书，他不满足于学校，他投身社会，深入群众，向工人学习。

读书，他不满足于国内，他放眼世界，投身巴黎公社，洋为中用……

读书，周恩来不仅掌握了丰富的知识，为以后的革命工作打下了坚实的基础，也让他找到了救国救民的真理，更坚定了他的共产主义信念。

少年周恩来处在祖国落后挨打、饱受侵略，惨遭蹂躏的年代，他立志为中华之崛起而读书，为中华之崛起而读书，也成为周恩来毕生的目标，鞠躬尽瘁，死而后已，周总理成为了全世界敬仰的好总理。

一位美国作家曾写到：“许多人想写作，90%的人想到过要写，75%的人想写，40%的人非常想写，20%写了一点，然后放弃。10%还在写，只有2%的人最终写出作品来，从90%到2%，大部分人只是有想法而已，真正付出行动的人却很少，有太多太多的理由可以做借口，太忙啊、时间少啊，没有信心，不知道如何开始……最后写作就成为他们的梦想。”

青少年朋友，如果你对于一些东西非常好奇，渴望得到问题的答案，就立刻开始行动吧！努力养成立刻行动的习惯，才能屡屡抓住良好的时机，丰富自己的生命。

早前，有两个年幼的孩子跟随一位穷苦的牧羊人，靠替别人放羊为生。一天，他们赶着羊来到一个山坡，这时，一群大雁鸣叫着从他们的头顶飞过，并很快消失在远方。牧羊人的小儿子问他的父亲：“大雁要往哪里飞？”父亲回答说：“它们要去一个温暖的地方，在那里安家，度过寒冷的冬天。”他的大儿子眨着眼睛羡慕地说：“要是我们也能像大雁一样飞起来就好了。”小儿子更是对父亲说：“我要是也会飞，该有多好呀！”

这个牧羊人想了想，然后鼓励两个孩子说：“如果你们想飞，只要努力，你们也能做到。”

孩子们听了父亲的话，试着飞了几下，但没有成功，用疑惑的眼神望着父亲。牧羊人说：“让我飞给你们看。”于是他飞了两下，也没有飞起来。牧羊人肯定地说：“我是因为年纪大了才飞不起来，你们还小，只要不断努力，就一定能飞起来，到任何想去的地方。”父亲的话使两个儿子产生了飞起来的梦想，并坚持不懈地努力。一天，牧羊人带回一个小玩具，用橡皮筋做动力，

使它飞向空中。两个儿子觉得很好玩儿，照着仿制了几个，都能成功地飞起来。他们因此兴致倍增，并引发了造飞机的想法。经过多年的研究和实验，他们终于实现了梦想——造出了世界上第一架飞机。

这两个孩子是谁？或许你已经知道了——他们就是莱特兄弟。

正是由于对飞行的好奇，莱特兄弟一直怀揣着这一理想而努力地实践着、探索着，最终制造出了飞机，造福了全人类。

所以，不要把今天的事情留给明天，明天还离得太远。现在就去行动吧！即使行动没有带来成功，但是你依旧会有收获果实般的充实。行动也许不会结出快乐的果实，但是没有行动，所有的果实都无从收获。

羞辱是人生的“选修课”

每个人的命运都是不一样的，有的人在他的一生中可能会过得比较平顺，而有的人可能会遭遇命运的不公，面对这些，我们应该怎样地对待呢？是消极地承受，还是运用自己的智慧和毅力去战胜和克服呢？

吴王阖闾打败楚国，成了南方霸主。吴国跟附近的越国（都城在今浙江绍兴）素来不和。公元前496年，越国国王勾践即位。吴王趁越国刚刚遭到丧事，就发兵打越国。吴越两国在槜李（今浙江嘉兴西南）地方，发生一场大战。

吴王阖闾满以为可以打赢，没想到打了个败仗，自己又中箭受了重伤，再加上上了年纪，回到吴国，就咽了气。吴王阖闾死后，儿子夫差即位。阖闾临死时对夫差说：“不要忘记报越国的仇。”夫差记住这个嘱咐，叫人经常提醒他。他经过宫门，手下的人就扯开了嗓子喊：“夫差！你忘了越王杀你父亲的仇吗？”夫差流着眼泪说：“不，不敢忘。”于是他叫伍子胥和另一个大臣伯嚭操练兵马，准备攻打越国。

过了两年，吴王夫差亲自率领大军去打越国。越国有两个很能干的大夫，一个叫文种，一个叫范蠡。范蠡对勾践说：“吴国练兵快三年了。这回决心报仇，来势凶猛。咱们不如守住城，不要跟他们作战。”勾践不同意，也发大军去跟吴国人拼个死活。两国的军队在大湖一带打上了。越军果然大败。越王勾践带了五千名残兵败将逃到会稽，被吴军围困起来。勾践弄得一点办法都没有了。他跟范蠡说：“懊悔没有听你的话，弄到这步田地。现在该怎么办？”范蠡说：“咱们赶快去求和吧！”勾践派文种到吴王营里去求和。文种在夫差面前把勾践愿意投降的意思说了一遍。吴王夫差想同意，可是伍子胥坚决反对。文种回去后，打听到吴国的伯嚭是个贪财好色的小人，就把一批美女和

珍宝，私下送给伯嚭，请伯嚭在夫差面前讲好话。经过伯嚭在夫差面前一番劝说，吴王夫差不顾伍子胥的反对，答应了越国的求和，但是要勾践亲自到吴国去，文种回去向勾践报告了。勾践把国家大事托付给文种，自己带着夫人和范蠡到吴国去。

勾践到了吴国，夫差让他们夫妇俩住在阖闾的大坟旁边的一间石屋里，叫勾践给他喂马，范蠡跟着做奴仆的工作。夫差每次坐车出去，勾践就给他拉马，这样过了两年，夫差认为勾践真心归顺了他，就放勾践回国了。

勾践回到越国后，立志报仇雪耻。他唯恐眼前的安逸消磨了志气，在吃饭的地方挂上一个苦胆，每逢吃饭的时候，就先尝一尝苦味，还自问："你忘了会稽的耻辱吗？"他还把席子撤去，用柴草当做褥子。这就是后来人传诵的"卧薪尝胆"。勾践决定要使越国富强起来，他亲自参加耕种，叫他的夫人自己织布，来鼓励生产。因为越国遭到亡国的灾难，人口大大减少，他定出奖励生育的制度。他叫文种管理国家大事，叫范蠡训练人马，自己虚心听从别人的意见，救济贫苦的百姓。全国的老百姓都巴不得多加一把劲，好叫这个受欺压的国家成为强国。在勾践的发愤努力下，经过"十年生聚"、"十年教训"，越国终于积聚了强大的力量，具备了灭吴的能力。

伐吴行动果断开始了，越国的老百姓都互相鼓励。父亲劝勉儿子，兄长勉励弟弟，妇女鼓励丈夫，说："还有谁像我们的国君能这样体恤百姓呀？难道能不为他效死吗？"越国的老百姓齐心协力最终灭掉了吴国。

勾践虽然曾经在吴国受到了极大的耻辱，不过他并没有因此而消沉下去，而是把这种耻辱化为自己坚强的毅力和智慧，最终战胜了吴国，试想如果勾践当年没有受到这些屈辱，也许结果就很不一样。所以，我们应该视羞辱为人生的选修课，正确看待它，好好经营它。

西汉的司马迁，因李陵之祸，遭受了宫刑。当时他所受的挫折，所承受的痛苦之巨大是今人难以想象的，当时他也曾想到了死。生死的抉择，他毅然选择了生，从此他提起笔树立了忠臣义士的形象，终于一部通史《史记》得以著成。

当时的司马迁被屈辱困扰着，使他"居然忽忽若有所亡，出则不知所如往"。但他并没有放大自己的痛苦，而是直面人生道路的崎岖，并且尽量缩小痛苦，把它当做上天为自己编写的人生中的一部分，最终树起了历史上的一

座丰碑。

司马迁让我们懂得为了理想而忍受在屈辱中生活，如果当时司马迁没有坚强的毅力，相信《史记》这个宏伟的巨著也不会得以完成。当遇到挫折时，我们应该学习司马迁这种与命运抗争的精神，学会去缩小已有的痛苦，不能只抱怨命运对自己不公，悲观厌世，而是要顽强地与命运抗争。

经营你的“失败”

“失败是成功之母”，相信这句话每一位青少年朋友都听说过，不过究竟有多少人知道其中的意义呢？它告诉我们的道理其实很简单，就是只要你好好经营你的“失败”，你离成功也就不远了。

爱迪生为了电灯的发明，投入了难以想象的精力和时间，进行了一万多次实验。但白炽灯发明之后，性能仍然不够稳定，使用寿命短。原因出在灯丝上。今天，人们都知道，白炽灯的灯丝是用钨丝做的。而在当时，爱迪生所寻找的灯丝主要是一些纤维材料。为了寻找合适的灯丝，爱迪生可谓绞尽脑汁，几乎实验了他所能接触的一切植物纤维材料：稻草、砂纸、线、麻绳、马鬃、钓鱼线、硬橡皮、藤条，甚至是人的胡须、头发都被他用作实验材料，各种纤维材料达到了 6000 多种。但结果还是不能让爱迪生满意，总觉得灯丝的发光不够理想。

一个偶然的机会，他发现以竹子为原料制作的灯丝效果比任何材料都好，于是他马上下决心，要找到世界上最好的竹子。可是全世界共有 1200 种左右的竹子，哪一种最好呢？爱迪生出人意料地作出决定，组织了一支 20 人的调查队，拨款 10 万美元，到世界各地寻找各种竹子。爱迪生本人也亲自参加了这次活动。“苍天不负有心人”，数以千计的竹子被搜集到爱迪生的实验室。经过了无数次的实验、筛选、比较，爱迪生发现日本竹子性能最佳，用这种竹子制成的碳丝做灯丝，可持续工作 1000 多个小时。

爱迪生在寻找灯丝材料的过程中，做了 1200 次实验，失败了 1200 次。别人对他说：“你已经失败了 1200 次了，还要继续吗？”爱迪生说：“不，我没有失败，我已经发现有 1200 种材料不适合做灯丝。”

这应该就是爱迪生会成功，会受到全世界人民爱戴的原因了，因为他从

未因失败而放弃，而是把失败作为他成功的垫脚石，利用了失败的教训，克服了前进中的困难，最终获得了巨大的成功。

鉴真大师刚刚遁入空门时，寺里的住持让他做了谁都不愿做的行脚僧。

有一天，日已三竿了，鉴真依旧大睡不起。住持很奇怪，推开鉴真的房门，见床边堆了一大堆破破烂烂的瓦鞋。主持叫醒鉴真问："你今天不外出化缘，堆这么一堆破瓦鞋做什么？"

鉴真打了个哈欠说："别人一年一双瓦鞋都穿不破，我刚剃度一年多，就穿烂了这么多的鞋子。"

住持一听就明白了，微微一笑说："昨天夜里落了一场雨，你随我到寺前的路上走走看看吧！"寺前是一段黄土坡，由于刚下过雨，路面泥泞不堪。

住持拍着鉴真的肩膀说："你是愿意做一天和尚撞一天钟，还是想做一个能光大佛法的名僧？"鉴真答："想做名僧。"

住持捻须一笑："你昨天是否在这条路上走过？"鉴真说："当然。"

住持问："你能找到自己的脚印吗？"

鉴真十分不解地说："昨天这路又干又硬，哪能找到自己的脚印？"

住持又笑笑说："如果今天我们在这路上走一趟，你能找到你的脚印吗？"鉴真说："当然能了。"

住持听了，微笑着拍拍鉴真的肩说："泥泞的路才能留下脚印，世上芸芸众生莫不如此啊！那些一生碌碌无为的人，不经历风雨，就像一双脚踩在又平又硬的大路上，什么也没有留下。"鉴真恍然大悟。

其实这就是我们的人生，经营好一次次的失败会让我们走得更加踏实，也因此会走得更远。

某大公司招聘人才，应者云集。经过三轮淘汰，还剩下 11 名应聘者，最终将留用 6 名，第四轮面试将由总裁亲自主持。奇怪的是，面试考场出现了 12 名考生。总裁问："谁不是应聘的？"一个男子起身："先生，我第一轮就被淘汰了，但我想参加面试。"在场的人都笑了，总裁饶有兴趣地问："你第一关都过不了，来这儿有什么意义？"男子说："我掌握了很多财富，因此，我本人即是财富。"

大家又一次大笑。男子说："我只有一个本科学历，一个中级职称，但我有 11 年工作经验，曾在 18 家公司任过职……"总裁打断他："你 11 年的工

作经验倒很不错，但跳槽 18 家公司，我不欣赏。”

男子站起身：“先生，我没有跳槽，而是那 18 家公司先后倒闭了。”在场的人第三次笑了，一个考生说：“你真倒霉！”男子也笑了：“我不倒霉，相反，这是我的财富！”男子离开座位，一边转身一边说：“我很了解那 18 家公司，我曾与大伙努力挽救它们，虽不成功，但我从中学到了许多东西；很多人只是追求成功的经验，而我，更有避免错误与失败的经验！”

男子就要出门了，忽又回过头：“这 11 年经历的 18 家公司，锻炼了我对事物敏锐的洞察力。”最后这小伙有没有被录取呢？我相信大家都知道答案了。也正是由于小伙子在这 11 年中一次次地在失败中寻求经验和教训的不懈努力，才使得他最终获得了总裁的赏识。

失败虽然并不可怕，但是我们要学会从中得到教训，否则就是真正的失败。有谚语也说“再平的路也会有几块石头”、“经一番挫折，长一番见识”、“小挫之后，反有大获”。所以，当我们面对失败时，不要有“一失足成千古恨，再回首成百年身”的哀怨，而要有“不是一番寒彻骨，怎得梅花扑鼻香”的感悟，走出寻寻觅觅的茫然，向着目标奋进。走入“蓦然回首，那人却在灯火阑珊处”的境界，我们就已经成功在望了。这时，一切的失败都会化为足下的垫脚石，助我们登上高峰，只有这样才能真正地品尝到成功的甜蜜所在。

信念站立，就不会倒下

信念是人们在一定的认识基础上，对某种思想理论、学说和理想所抱的坚定不移的观念和真诚信服与坚决执行的态度。如果青少年在一生中能一直与坚强的信念相伴而行，你的人生必定是丰富多彩而又不寻常的。

邓亚萍在人生的不同阶段为了自己的目标而树立坚强的信念，并不断以刻苦努力和不懈追求的精神激励着后来人。

童年的邓亚萍，因为受当体育教练的父亲的影响，立志做一名优秀的运动员。但是她个子矮，手脚粗短，根本不符合体校的要求，体校的大门没能向她敞开。于是，年幼的邓亚萍跟父亲学起了乒乓球，父亲规定她每天在练完体能课后，必须还要做 100 个发球接球的动作。邓亚萍虽然只有七八岁，但为了能使自己的球技更加熟练，基本功更加扎实，便在自己的腿上绑上了沙袋，而且把木牌换成了铁牌。小小的她，每闪、展、腾、挪一步，都可以用举步维艰来形容！腿肿了！手掌磨破了！——这是家常便饭！但他从不叫苦，不喊累！因为她的心中始终有坚强的信念。付出总有回报，由于邓亚萍的执著，10 岁的她便在全国少年乒乓球比赛中获得团体和单打两项冠军。

进入国家队后，邓亚萍都是超额完成自己的训练任务，邓亚萍为了训练经常误了时间，她就自己泡面吃。在进行多球训练时，教练将球连珠炮打来，邓亚萍每次都是瞪大眼睛，一丝不苟地接球，一接就是 1000 多个。长时间从事大运动量、高强度的训练，从颈到脚，邓亚萍身体很多部位都是伤病。为对付腰肌劳损，她不得不系上宽宽的护腰，膝关节脂肪垫肿、踝关节几乎长满了骨刺，平时只好忍着，实在痛得厉害了就打一针封闭，脚底磨出了血泡，就挑破它再裹上一层纱布接着练。就算是伤口感染，挤出脓血也要接着练。果然工夫不负有心人，邓亚萍最终取得了骄人的成绩，也成了乒乓史上最出

色的女运动员之一。

退役后，她又到清华大学求学深造，刚到清华大学外语系报到时，指导老师让她一次写完 26 个英文字母。当时在别人眼中看来最简单不过的事，邓亚萍却费尽心思后才把它们写出来。于是邓亚萍把自己的睡眠时间压缩到最低限度，经常学习到很晚才肯休息，有时，一边走路一边看书，就连吃饭的时间都用上了。邓亚萍不断要求自己，做作业也要和完成训练课一样，绝对是今日事今日毕，毫不含糊。邓亚萍这种刻苦学习的精神，让辅导老师和学友都深表叹服。

1998 年 2 月，邓亚萍前往英国剑桥大学的语言学校学习英语，短短 3 个月的时间，邓亚萍坚持每天 8 点多从自己的住所赶往学校上课。下午 3 点半下课后，她还到学院的学习中心去学习，听磁带，练自己的口语，直到晚上 8 点学习中心关门后才赶回住所。回到住所，邓亚萍也从不浪费时间，她坚持和房东用英语交流，坚持按时完成作业和预习功课。在她终于获得硕士学位后，邓亚萍又攻读博士学位。长时间以固定姿势写稿诱发了邓亚萍的颈椎病，头不能移动，一动就疼得钻心。但是，疼痛并没有把邓亚萍征服，她咬紧牙关，以一种固定的姿势坚持查阅资料和写作。最终获得了剑桥大学的博士学位。

邓亚萍成功的经历告诉我们：做任何事情都要投入全部的精力，只要拥有超人的信念，我们也一定能取得骄人的成绩。

有个人，在他的一生中遭受过两次惨痛的意外事故。

第一次不幸发生在他 46 岁时。一次飞机意外事故，使他身上 65%以上的皮肤都被烧坏了。在 16 次手术中，他的脸因植皮而变成了一块彩色板。他的手指没有了，双腿特别细小，而且无法行动，只能瘫在轮椅上。

谁能想到，6 个月后，他亲自驾驶着飞机飞上了蓝天!

4 年后，命运再一次把不幸降临到他的身上，他所驾驶的飞机在起飞时突然摔回跑道，他的 12 块脊椎骨全部被压得粉碎，腰部以下永远瘫痪。

但他没有把这些灾难当做自己消沉的理由，他说："我瘫痪之前可以做 1 万种事，现在我只能做 9000 种，我还可以把注意力和目光放在能做的 9000 种事上。我的人生遭受过两次重大的挫折，所以，我只能选择不把挫折拿来当成自己放弃努力的借口。"

这位生活的强者，就是米契尔。正因为他永不放弃努力，最终成为一位百万富翁、公众演说家、企业家，还在政坛上获得一席之地。

这样的人，才是生活的强者。不思进取害怕失败的人，永远只能滞留原地。

所以，作为青少年，我们应该学习邓亚萍和米契尔那种勇往直前、看准了目标就不达目的誓不罢休的拼搏精神。我们要相信：只要信念在，我们就会实现目标，走向成功！

孩子，你能搬动大山

第一次，珍妮参加幼儿园的家长会，老师对她说：“你的儿子约翰太不守纪律，从来不会在椅子上安静地坐上三分钟。”回家的路上，约翰问珍妮老师都说了什么。珍妮鼻子一酸，差点流下泪来。然而，她还是告诉约翰：“老师表扬你了，说宝宝原来在板凳上坐不了一分钟，现在能坐三分钟了。别的家长都非常羡慕妈妈，因为全班只有宝宝进步了。”那天晚上约翰很高兴，并在没有妈妈的帮助下，史无前例地吃下了很多东西。

第二次，珍妮参加小学的家长会，老师对她说：“这次全年级的数学考试，你的儿子约翰考了倒数第二名。我们不得不怀疑他的智力，希望您能带他去检查一下。”回去的路上，珍妮流泪了。然而，当回到家里看到诚惶诚恐的约翰，她又振作起精神说：“老师对你充满信心。他说了，你并不是笨孩子，只要能细心些就会超过你的同学。”说这话时，珍妮发现约翰暗淡的眼神一下子充满了光亮，沮丧的脸也一下子舒展开来。第二天早晨上学，约翰自己就早早爬起来梳洗、收拾文具了。

转眼，珍妮已经参加中学的家长会了。老师告诉珍妮：“按你儿子约翰现在的成绩，考重点中学有点危险。”珍妮怀着惊喜的心情走出校门，告诉儿子：“班主任对你非常满意，他说，只要努力，你很有希望考上重点中学。”几年过去，约翰毕业了，他兴奋地将哈佛大学招收自己的消息告诉了珍妮，并且边哭边说：“妈妈，我一直都知道我不是个聪明的孩子，是您……”此时的珍妮悲喜交加，已无法平息十几年来的辛苦，任凭泪水滑落下来。

很多名人小时候可能并不引人注目，相反，很多因为成绩不够好或者性格怪僻而使家长或老师不喜欢，然而是什么原因使他们今后获得了成功呢？也许就是因为一次小小的鼓励吧！

卡耐基小时候是一个公认的非常淘气的坏男孩。在他 9 岁的时候，他父亲把继母娶进家门。当时他们是居住在维吉尼州乡下的贫苦人家，而继母则来自较好的家庭。

他父亲一边向他继母介绍卡耐基，一边说："亲爱的，希望你注意这个全社区最坏的男孩，他可让我头痛死了，说不定会在明天早晨以前就拿石头扔向你，或者做出别的什么坏事，总之让你防不胜防。"出乎卡耐基意料的是，继母微笑着走到他面前，托起他的头看着他，用纤细的手怜爱地轻轻抚摸卡耐基的头。她看着丈夫说："你错了，他不是全社区最坏的男孩，而是最聪明但还没有找到发泄热忱的地方的男孩。"

继母说得卡耐基心里热乎乎的，眼泪几乎滚落下来。就是凭着她这一句话，他和继母开始建立友谊。也就是这一句话，成为激励他的一种动力，使他日后创造了成功的"28 项黄金法则"，帮助了千千万万的普通人走上成功和致富的光明大道。因为在他继母来之前没有一个人称赞过他聪明。他的父亲和邻居认定他就是坏男孩，但是继母只说了一句话，便改变了他的命运。

他 14 岁时，继母给他买了一部二手打字机，并且对他说，相信他会成为一位作家。他接受了她的想法，并开始向当地的一家报纸投稿。他了解继母的热忱，也很欣赏她的那股热忱，他亲眼看到她是如何用她的热忱改善他们家庭的。来自继母的这股力量，激发了他的想象力，激励了他的创造力，帮助他和无穷智慧发生了联系，使他成为 20 世纪最有影响力的人物之一。

一句话可以毁掉一个人的信心，甚至破灭他对生存的希望；但一句话也可以鼓励一个人从失落中走出来，或让人从新的角度认识自己，从此改变他的人生。所以无论在任何时候，青少年们都要相信自己身上蕴藏着无穷潜能，要相信其实我们每个人都是强大的，都可以"搬得动大山"。

做个强者，软弱必败

每天，当太阳升起来的时候，非洲大草原上的动物们就开始奔跑了。狮子妈妈在教育自己的孩子："孩子，你必须跑得再快一点，再快一点，你要是跑不过最慢的羚羊，你就会被活活地饿死。"在另外一个场地上，羚羊妈妈也在教育自己的孩子："孩子，你必须跑得再快一点，再快一点，如果你不能比跑得最快的狮子还要快，那你就肯定会被他们吃掉。"这是一个"物竞天择，适者生存"的时代，青少年朋友们应该誓做一个强者，只有这样我们才不会在如此残酷的竞争中被淘汰出局。

18 世纪末 19 世纪初的欧洲大陆注定是法兰西第一帝国皇帝拿破仑一世的天下，这个科西嘉小个子率领着他的法国军团，攻无不克、战无不胜，将老朽的欧洲封建体系冲得七零八落，许多曾经不可一世的超级强国都在他的铁蹄下颤抖。到 1812 年法俄战争之前，除了英国和俄罗斯之外，几乎整个欧洲都拜倒在了法国皇帝的脚下。

与天才的拿破仑同一时代的将军注定是不幸的，这位杰出的统帅常让他的对手在绝望中一败涂地；可他们又都是幸运的，因为与拿破仑交手将会让他们获得名留青史的机会。阿瑟·韦尔斯利就把握住了历史给他的机会。

1807 年，法军入侵西班牙，拉开了伊比里亚半岛战争的序幕。英国为了保护半岛上的西班牙、葡萄牙两国，决定出兵参战，但是早被拿破仑威名吓住的英国将军们竟没有人敢带兵出征。就在英王犯愁之际，出身名门望族、在印度战场上立下赫赫战功的韦尔斯利自告奋勇，率军出战。

传说，韦尔斯利刚到西班牙时，由于兵力与装备的全面劣势，败给了法军，只身逃出了战场。当时天降大雨，他躲到一家农户的草堆里避雨，心中

既懊悔又绝望，就在他万念俱灰之时，一只蜘蛛的出现改变了他的命运，进而改变了整个西班牙，乃至整个欧洲的命运！这只蜘蛛在风雨中拼命地结网，却一次又一次被无情的风雨吹破，可蜘蛛毫不气馁仍然一次又一次地吐丝结网，终于在第七次的时候把网结成。韦尔斯利在蜘蛛的身上仿佛看到了自己的影子，他重新振作了起来，迎着风雨去寻找他的部队。之后的战争仍然进行得异常艰苦，但韦尔斯利再也没有退缩过，他指挥着英、西、葡联军与优势法军苦战，终于在 1814 年将法军全部赶出了西班牙，取得了半岛战争的胜利。为了奖赏韦尔斯利的巨大功绩，英王加封他为威灵顿公爵，擢升陆军元帅。从此韦尔斯利就以威灵顿公爵的名号载入欧洲乃至世界历史史册中。

共同的敌人拿破仑被打倒了，反法同盟立刻解体，欧洲各豪强再次为争夺地盘发生了严重的分歧，正当他们剑拔弩张，准备大打出手之时，一个惊人的消息传来——拿破仑逃离流放地厄尔巴岛，在法国的安提比斯登陆，并很快进军到巴黎，法兰西第一帝国复辟！

欧洲的强国们马上放下了所有的争执，迅速组成了第七次反法同盟，威灵顿再次被委以重任，率领着英荷联军对战法军的主力。

公元 1815 年 6 月 18 日，一个改变整个欧洲的日子，两个那个时代最伟大的统帅在比利时小镇滑铁卢相遇了，虽然两个人的争斗由来已久，但真正的正面交锋却是第一次，也是最后一次！在不足 3 平方公里的阵地上，7.4 万法军和 6.7 万英荷联军绞杀在一起。虽然兵力和武器装备都处于劣势，但威灵顿以其出色的防御指挥能力抵挡住了法军一次又一次的冲锋，战斗整整打了一天，英法两军都付出了惨痛的代价。

正当两军疲惫已极之时，一支部队突然出现在战场上，两位统帅都乞求是自己的援军。当这支部队开到近前时，英荷联军一阵欢呼，居然是盟军普鲁士军团，本来势均力敌的态势立即出现了逆转，英荷联军在普军的配合下，对法军发动了反攻，无心恋战的法军全线崩溃，拿破仑只身逃回了巴黎，不久再次被迫退位，被流放到圣赫勒拿岛，这一回，法国皇帝没能再回来，最终死在了孤岛上。法兰西第一帝国终结，欧洲的拿破仑时代结束！

滑铁卢大捷让威灵顿的声望达到了顶点，他被任命为驻法盟军总司令，并因此获得了 6 个国家的元帅称号，成为了 19 世纪上半叶欧洲最重要的军事

统帅！我们相信，正是那只蜘蛛的坚强使得威灵顿要誓做一个强者，因为他真正懂得了软弱必败的道理。

所以，青少年在平时的学习生活中也要坚定自己可以做个强者的信心，树立远大理想，做到失败面前不低头，成功面前不忘形，为以后的人生路打下坚实的基础，相信你们一定会活得更精彩，走得更远。

第四章

认真做事，做个细心的人

一家公司正在招聘，等待面试的人中大部分都是研究生，而小张只上了二本，他觉得自己可能没什么希望了。出人意料的是前面那些人都没被录取。轮到小张了，他走进考场大门时，看到地上有一个纸团，便顺手捡起来扔进了垃圾桶。然而想不到的是，考官对他说："请你把那纸团拿出来看看。"小张迷惑不解，但还是拿出来打开了，只见上面赫然写着："恭喜你被我公司录取！"考官说："你虽然学历低点，但对生活很认真细致，所以我们录用你。"

认真、细心是一种习惯和风格，是成功必备的素质，所以，青少年朋友，不管做什么事情，都要认真对待，做个细心的人，说不定你也会像小张一样，得到幸运女神的眷顾。

记住自己做过的事

18 世纪英国有一位有钱的绅士，一天深夜他走在回家的路上，被一个蓬头垢面衣衫褴褛的小男孩儿拦住了。“先生，请您买一包火柴吧！”小男孩儿说道。

“我不买。”绅士回答说，说着绅士躲开男孩儿继续走。

“先生，请您买一包吧！我今天还什么东西也没有吃呢！”小男孩儿追上来说。

绅士看到躲不开男孩儿，便说：“可是我没有零钱呀！”

“先生，你先拿上火柴，我去给你换零钱。”说完男孩儿拿着绅士给的一英镑快步跑走了，绅士等了很久，男孩儿仍然没有回来，绅士无奈地回家了。

第二天，绅士正在自己的办公室工作，仆人说来了一个男孩儿要求面见他。于是男孩儿被叫了进来，这个男孩儿比卖火柴的男孩儿矮了一些，穿得更破烂。

“先生，对不起了，我的哥哥让我给您把零钱送来了。”

“你的哥哥呢？”绅士道。

“我的哥哥在换完零钱回来找你的路上被马车撞成重伤了，在家躺着呢！”

绅士深深地被小男孩儿的诚信所感动：“走！我们去看你的哥哥！”

去了男孩儿的家一看，家里只有两个男孩的继母在照顾受了重伤的男孩儿。一见绅士，男孩连忙说：“对不起，我没有按时给您把零钱送回去，失信了！”

绅士却被男孩的诚信深深打动了。当他了解到两个男孩儿的亲生父母双亡时，毅然决定把他们生活所需要的一切都承担起来。

对我们所做过的事，所说过的话，应该时刻牢记，并兑现承诺，这样我

们才是负责任的人。

当肯尼迪竞选美国参议员时，他的对手很轻易地抓到他的一个把柄：著名的“哈佛大学插曲事件”。肯尼迪在学生时代，就因为欺骗而被哈佛大学勒令退学。这件事在政治上很可能构成氢弹般的震撼与威力。竞争者只要利用这个证据，就能使肯尼迪诚实、正直与公道的形象蒙上一层阴影，使他的仕途黯然无光。

遇到这种情况，一般人的反应不外是努力否认，澄清自己，但肯尼迪倒是很爽快地承认。他以适当的措辞清楚地表达他真诚的忏悔，承认自己曾经犯了一项很严重的错误，他是这样说的：“对于我所曾经做过的事情，我深感抱歉，我是错的！我没有什么可以辩驳的余地。”

一个人既然已经承认错误，那么你还能再去穷追猛打，再去跟他斤斤计较吗？肯尼迪不但没有因为有退学的经历而受到一丝一毫的伤害，相反，他还将它转变成为一个优点。第一，当他承认在学校中曾经有过欺骗行为时，他就已经把自己的人性找回来了，他就和平常人一样。何况，谁在学校没有过违规的举动呢！第二，承认自己有错，赢得了人们的同情。唯有诚实的人才会承认自己的过错，肯尼迪先生因此而赢得了诚实的赞誉。

快下班时，百事可乐公司的总裁卡尔·威勒欧普接到市长邀请他参加晚宴的电话，他毫不犹豫地谢绝道：“很抱歉，我已经说好今天晚上陪女儿过生日。我不想做一个失约的父亲。”

走出办公大楼，卡尔给女儿买了生日礼物，驱车直奔市中心新开业的游乐园，去那里与妻子一道为女儿过生日。为避免打扰，卡尔和妻子都关闭了手机，他们全身心地陪伴着女儿，开心地享受着愉快的时刻。

然而卡尔正兴致勃勃地看着女儿吹灭红红的蜡烛并开始切分蛋糕时，他的助理急匆匆地赶来了。他把卡尔叫到旁边，小声汇报有一个本公司非常重要的客户，很想在这个晚上与他见一面。

“可是，我已答应了女儿，今天整个晚上都陪在她身边。”卡尔面露难色。

“客户此前确实没有约定，他只在此地作短暂的停留，是临时决定要拜见总裁的。”助理委婉地建议道。怎么办？一边是已经陪了两小时、正玩得开心的女儿，而另一边是等待约见的公司重要的客户。卡尔没有犹豫，他转身告诉助理：“我觉得我还是应该留下来陪女儿，你去接待一下客户，并替我转达

真诚的歉意，跟他约好时间，届时我会亲自登门拜访。”

“卡尔先生，您是不是先去……”助理提醒总裁这个客户实在太重要了，丝毫不能得罪的。要不然就不会匆匆地找来了。

“爸爸，您先去忙工作吧！妈妈陪我一样很快乐。”得知内情的女儿十分理解父亲，催促父亲去见客户。

“不，我已说过，我不想做一个失约的父亲。今天晚上，市长的宴请和客户的约见，确实都很重要，但我一个月前向女儿许下的承诺更重要，谁都不能改变我作出的承诺。”卡尔一脸的坚定，让助理打消了继续劝说的念头。

第二天，卡尔上班做的第一件事，就是打电话向那位客户道歉，客户非但没有生气，反而由衷地赞叹道：“卡尔先生，其实我要感谢您啊！是您用行动让我真切地记住了什么叫做一诺千金，我明白百事可乐公司兴旺发达的真正原因了。”此后，卡尔和这位客户竟成了非常亲密的合作伙伴，甚至在公司经营遭遇最大困难的时候，也不曾动摇彼此的信任。

由此可见，记住自己做过的事，做一个信守承诺的人，一个敢为自己的所作所为埋单的人，是会得到别人的赞美和信任的。

做个会积累的人

谁都知道“铁棒磨成针”、“水滴石穿”的道理，学习其实也一样，要把学习当成一种习惯。只有平时养成好的学习习惯，考试才会有好成绩。要从量变上升到质变，只有一点一滴地积累才能达到最终的成功。

美国作家杰克·伦敦的房间里有着奇怪的装饰，不论是窗帘上，衣架上还是厨具上都挂着纸片，每片纸上都记录了一些美妙的词汇，他把纸片放在房间的每个角落，为的是每时每刻都随时记诵，杰克·伦敦正是由于这种对语言和素材的不断积累，才能在写作时得心应手，写出像《热爱生命》、《铁蹄》这样脍炙人口的作品。

杰克·伦敦的故事说明“成功离不开积累”，这对我们是很有启发的。学习是一个循序渐进、持之以恒的过程，要想在学习上一蹴而就，成为大学问家是不可能的，因为这不符合人们认识事物的客观规律。我国古代思想家荀子，在劝学中说的“积水成渊，积土成山，积善成德”讲的也是这个道理。

有的同学不注意知识的积累，正如人们常说的无志之人常立志，虽然花了很多时间在学习上，收获却很少。到用时捉襟见肘很难解决实际问题。在日常的学习中我们要注意多读、多记、多写，要有水滴石穿的精神，在阅读过程中要多积累些知识，努力提高自己对语言的理解和运用能力，把知识用于日常学习和生活中，做到游刃有余，融会贯通。

邓拓曾说，真正所谓的成就，就是在前人知识和经验的基础上有所发展，没有积累就什么也谈不上，注重积累，不断积累才能扎下深厚的学问之根。我们要学习杰克·伦敦持之以恒、长期积累的精神，认真对待我们的学业，掌握一技之长，才能立足于社会。

一滴从岩石上滴下来的水看来是微不足道的，然而长年累月地滴，却能

造成奇迹。桂林的山洞中有不少长如石柱、蔚为奇观的石钟乳，就是岩石滴水的含有物历数万年的积累而形成的。

我国晋代大书法家王羲之，刻苦练习书法。相传他在绍兴兰亭“临池学书”，苦练了20年。由于他经常在池里洗笔刷砚，竟把池里的水染黑了。有一次，他的儿子王献之问他写字的秘诀，他指着家里的18口水缸说：“你把这18口缸里的水写完，就知道写字的秘诀了。”结果王献之真的把18口缸水写完了，果真也成了大书法家。

古今中外，精于修改自己文章的人是很多的。曹雪芹写《红楼梦》“批阅十载，增删五次”。托尔斯泰写《战争与和平》，曾反复修改七次。马克思宁肯把自己的手稿烧掉，也不愿把未经加工的著作遗留于身后。福楼拜是19世纪法国批判现实主义作家。一天，莫泊桑带着一篇新作去请教福楼拜，看见福楼拜桌上每页文稿都只写一行，其余九行都是空白，很是不解。福楼拜笑了笑说：“这是我的习惯，一张十行的稿纸，只写一行，其余九行是留着修改用的。”这些巨著都是这些伟人在每一天的积累与反复修改中做成的，没有每一天的积累，我们就不会到达成功的彼岸。

数学乘方中每次只增加了0、1，乘积便很快地成倍增长。又比如，每天笑容比昨天多一点点，每天的行动比昨天多一点点，每天的创新比昨天多一点点，每天的效率比昨天高一点点，假以时日，我们的明天与昨天相比，将会有天壤之别。成功就是把简单的事情重复着去做，成功就是每天进步一点点。一个人，如果每天进步一点点，哪怕是1%的进步，试想，有什么能阻挡得了他最终的成功？一个企业，如果“每天进步一点点，懂得积累”，成为其企业文化的一部分，当其中的每个人每天都能进步一点点时，试想，还有什么障碍能阻挡得住它最终的辉煌？竞争对手常常不是我们打败的，而是他们自己忘记了每一天的积累。成功者不是比我们聪明，而是他比我们懂得积累。

从小事上开动脑筋

有一位青年在美国某石油公司工作，他所做的工作连小孩都能胜任，就是巡视并确认石油罐盖有没有自动焊接好。石油罐在输送带上移动至旋转台上，焊接剂便自动滴下，沿着盖子回转一周，作业就算结束。他每天如此，反复好几百次地注视着这种作业，枯燥无味，厌烦极了。他想创业，可又无其他本事。他发现罐子旋转一次，焊接剂滴落 39 滴，焊接工作便结束了。他想，在这一连串的工作中，有没有什么可以改善的地方呢？一天，他突然想到：如果能将焊接剂减少一两滴，是不是能节省点成本？

于是，他经过一番研究，终于研制出 37 滴型焊接机。但是，利用这种机器焊接出来的石油罐，偶尔会漏油，并不理想。但他不灰心，又研制出“38 滴型”焊接机。这次的发明非常完美，公司对他的评价很高。不久便生产出这种机器，改用新的焊接方式。虽然节省的只是一滴焊接剂，但“一滴”就给公司带来了每年 5 亿美元的新利润。

这位青年，就是后来掌握全美制油业 95％实权的石油大王——约翰·D.洛克菲勒。人生的改变总是从小的方面开始的，“改良焊接机”改变了洛克菲勒的人生。他成功的关键在于他特别注意普通人往往会忽略的平凡小事；能见别人所未见，才能做别人所不能做。有了这种基础，企业必定能够做到“人无我有，人有我新，人新我变”。

在小事上开动脑筋，并把想法付诸实施，常常会带来意想不到的成功。

匈牙利记者比罗某次写稿的时候，一不小心把稿纸划破了。他想，要是把笔尖换成圆珠就好了。

于是，比罗去请教化学家奥基。奥基说：“笔尖换成圆珠没问题，可是圆珠的周围能漏出墨水才可以写字呀！”

比罗想，如果让圆珠转动的时候控制墨水的流量，不就行了吗？他开始反复地试验。

1943 年，比罗终于发明了依靠圆珠的转动送出墨水的新笔——圆珠笔。

圆珠笔用起来非常方便，价格又很便宜，所以很快就在全世界流行起来。

比罗非常懂得在小事上考虑问题，正常的人只会抱怨钢笔不好写，或是换一支钢笔，而比罗却在思考有没有可以代替钢笔的另一种笔，所以圆珠笔就应运而生了，给全世界的人们带来了方便。青少年朋友们，相信只要你们像比罗那样，善于从小事上开动脑筋，成功也就离你们不远了。下面我们看一看，现在普遍在医学上使用的青霉素是怎么发明出来的。

现在医学上，青霉素已被使用得很普遍了，它可以杀灭病菌、消除炎症感染。也许，你并不知道，青霉素是在一次偶然的机会中才被发现的呢！

1928 年 9 月，英国细菌学家弗莱明正致力于葡萄球菌的研究，那是一种会让人致病的细菌。为了考察这种病菌的生活习性和致病机理，需要对它们进行培养观察。当时的设备比较简陋，工作是在一间闷热、潮湿的旧房子中进行的，实验过程中又需要多次开启培养皿，皿中的培养物很容易受污染。有一次，弗莱明打开培养皿观察细菌，偶然发现在培养皿口上长出了蓝绿色的霉菌，而就在霉菌旁边，葡萄球菌被溶化了，出现了清澈的水滴。

蓝绿色的霉菌为什么能抑制细菌的生长，并将细菌消灭呢？弗莱明紧紧抓住这次“偶然”的发现不放，全力以赴地对这种蓝绿色霉菌进行研究，终于找到了葡萄球菌的克星——青霉素，并进一步发现它对其他一些病菌同样有杀灭作用。

同样，万有引力的发现也得益于发现者牛顿善于从小事上开动脑筋。

牛顿，1642 年 12 月 25 日生于英国林肯郡伍尔索普村的一个农民家庭。12 岁那年，他在格兰撒姆的公立学校读书时，就表现了对实验和机械发明的浓厚兴趣，自己动手制作了水钟、风磨和日晷等。苹果落地引起他的注意是偶然的。一个炎热的中午，小牛顿在他母亲的农场里休息，正在这时，一个熟透了的苹果落下来，这个苹果不偏不倚，正好打在牛顿头上。牛顿并没有像大多数孩子那样，高兴地把苹果吃了，而是在想：苹果为什么不向上跑而向下落呢？于是他问他的妈妈，他妈妈也不能解释。这件事一直在他的心中挥之不去，他相信他最终会找到问题的答案的，大凡科学家都保留一颗童心，

牛顿更不例外，当他长大成了物理学家后，他联想到了少年的“苹果落地”故事，可能是地球某种力量吸引了苹果掉下来。于是，牛顿发现了万有引力。

青少年朋友们，不要忽略小细节，从现在开始开动你们的脑筋，善于发现问题，解决问题，也许你们也会有意想不到的收获呢！

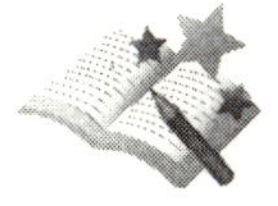

抓住稍纵即逝的灵感

好的机遇往往稍纵即逝，如昙花一现，机遇需要用灵感去捕捉。美国实业界鼎鼎大名的爱克尔先生创办著名的山毛榉食品公司是出于他的“灵感一闪”。一天，他在纽约街头散步，看见一家小店将咸肉切成薄片，装在两磅装的纸盒里出售，生意十分兴隆。爱克尔想：这的确是个好主意，只可惜两磅装的咸肉片还是太多了些，如果把它改成一磅装出售，生意一定会更好。

他依计行事，把肉片切得更薄更均匀，以一磅装送到市场，购买者果然踊跃。正是这个“灵感一闪”，让爱克尔迈出了成功的第一步。山毛榉食品公司加工的食品不久就闻名全美，甚至全世界。

肯尼·克拉姆发明的药品调味剂也是源于灵感。

很多父母都会因孩子不愿吃药而苦恼，但仅仅是苦恼而已。然而，有一位父亲因为孩子不愿吃药却想到了发明一种添加剂——一种可以掩盖苦味的调味剂。他就是美国商人肯尼·克拉姆。

1992 年，克拉姆的妻子给他生了一个小女儿哈德莉。但她是一个早产的小婴儿，出现了脑部瘫痪、间歇性肌肉痉挛发作的症状，每天必须服四次苯巴比妥药水。如果药量吃得不够，她的病就会持续发作。每天给哈德莉喂药，她不是呕吐就是把药喷出来。克拉姆回忆道：“那段日子，我们基本上每周都在急诊室度过。”

为了安慰病痛的小女儿，每次喂完药，他都尽量抱着她玩耍，并且给她吃糖和水果泥。他发现，女儿虽然还在为刚才吃到嘴里的苦药而哭泣，但一看到香蕉，含泪的小眼睛却泛起了光芒。

克拉姆想：要是苯巴比妥药水的味道也像香蕉这么吸引孩子就好了。

这个想法一冒出来，克拉姆兴奋极了，他认为这个想法完全可行。于是

他回到父母开的药店里，开始尝试着调试不冲淡药量、不影响药效的无害添加剂。经过无数次尝试，终于，一种香蕉口味的调味剂研制出来了。

从那以后的10年里，哈德莉再没有因为服药不足而住进医院。

给孩子喂药的经历最终促使克拉姆创办了福雷沃克斯公司，专门生产掩盖药品味道的调味剂，并研制改进其他液体、丸状、粉状处方药味的调味剂配方。

克拉姆的成功完全来自一个突如其来的灵感。在我们平凡的生活中，任何一个不经意，都可能激发有心人的灵感，都可能创造一个奇迹，肯尼·克拉姆就做了这样一件事，他是用一勺香蕉调味剂让苦涩的药变得美味，也让许许多多的父母和孩子远离了烦恼和痛苦。

俗话说："日有所思，夜有所梦。"梦在一定程度上能反映出人们当前正在重点思考的问题，或注重研究的课题，从思维逻辑来看，许多梦是大脑思维的连续性，即白天思考时未完成的问题在大脑中的再现或延伸，有许多重要的发明、发现就来自梦的灵感。

苯（C_6H_6）这种有机物早在1825年就已被英国科学家发现，但当时人们仅从实用的角度认识到苯是一种无色有芳香气味的液体，能溶解许多有机物，是一种重要的有机溶剂和合成原料，但并不了解苯的分子结构。此后几十年中不少科学家都展开了对苯分子结构的研究，但大多徒劳无功，尽管所有证据都表明苯分子非常对称，可大家实在难以想象6个碳原子和6个氢原子怎样能完全对称地排列，形成稳定的分子。

德国化学家凯库勒也是当时研究苯分子结构的科学家之一，凯库勒经过几年的研究仍无结果，1864年冬天，有一天，身心疲惫的凯库勒在研究苯分子结构时，由于过于疲劳而在壁炉旁边打起了盹，稿纸也散落在地上，昏睡中原子和分子们开始出现在梦幻中，他梦见六条蛇在他面前舞蹈，一会儿六条蛇首尾衔咬形成了一个环，瞬间六条蛇又变成碳原子环在他眼前旋转。

猛然惊醒后，凯库勒立即拾起散落在地上的纸笔将梦中的碳环画了出来，这就是现在充满有机化学教科书的著名正六边形环，凯库勒不仅发现了苯环，而且开辟了有机结构的新纪元。

梦中发现并不仅偏爱凯库勒，著名的元素周期律也得益于梦的启发和灵感。19世纪中叶，人类已发现了63种元素，科学家们无可避免地要联想到

自然界是否存在某种规律，使元素能够有序地分门别类，各得其所，之后许多化学家为此做了努力，先后出现过三音素组，八音素组等，但都不够规律也不够理想。

35 岁的俄国化学家门捷列夫也在苦苦思索着这个问题，他抓住了化学家研究元素分类的历史脉络，夜以继日地分析思考，简直着了迷。夜深人静，圣彼得堡大学主楼左侧的门捷列夫的居室仍然亮着灯，门捷列夫用类似扑克牌的纸块仍在排列元素，不知过了多长时间，门捷列夫在疲倦中进入了梦乡。

他在梦中看到一张张扑克牌有序地进入到一张大表中，醒来后，他按梦中的表格排序理念，元素的性质随原子序数的递增，呈现有规律的周期性变化——现代元素周期律诞生了。

门捷列夫在他的表中为未知元素留下了空位，后来很快有新的元素来补位，各种性质与他的预言惊人地吻合。元素周期律的发现为现代化学的发展奠定了坚实的基础，为此门捷列夫被瑞典皇家科学院提名为 1906 年诺贝尔奖的候选人，后来以一票之差负于法国化学家莫瓦桑。门捷列夫虽未获得诺贝尔奖，但元素周期律的发现对化学化工的发展起到了划时代的作用。

人们常常抱怨为什么没有机会去完成自己的意愿，为什么没有机会去创造成功？其实机会总是有的，但没有一双发现机会的眼睛是看不到这些机会的，没有一双把握机会的手也是抓不住机会的。我们应该及时抓住机遇，趁热打铁，立即行动。要想创造机遇、把握机遇，就是要善于在日常小事中去发现和把握。很多成功的典范，就是缘于某些小事物所触动而冒出的小小念头。是否善于抓住这个稍纵即逝的创新念头，往往决定着一个人的人生成败。

本领多不如本领强

一个人本领虽多，但都不是很精，将来不会成大器的，相反一个人如果只拥有一项本领，但是他把这项本领练得非常的强，他就会在这个领域出类拔萃，一个人如果想练出超强的本领，需要付出比别人多得多的汗水，有了这种不怕苦的精神，相信在未来的道路上，无论什么困难他都可以迎难而上。

对于绝大多数运动员来说，他们没有很多的本领，不过他们往往由于某一领域精湛的技术，而让全世界的人们知道了他们。

现在大家都知道郭晶晶是著名的跳水运动员，其实最初她是想学游泳的。不过她学游泳学了 20 多天还没学会。后来李芳老师就让郭晶晶练跳水。跳 3 米板，郭晶晶不敢。李芳将她骗了下去。上来后，问她："怕不怕?"郭晶晶说："还好。"悟性不错的她越练越胆大。李芳相中了郭晶晶，觉得她有全国冠军的潜力。

一开始，郭晶晶的膝盖到脚尖伸不直，腿特别硬。为了练韧带，坐老虎凳。郭晶晶边学习边训练，每天都能完成作业。

1996 年奥运会后，郭晶晶训练时又摔坏腿，开放性骨折。据时任中国跳水队副总教练于芬回忆，训练时，一名广东队的教练开灯。他准备开右边灯，结果关了左边灯。当时郭晶晶正起跳，在半空中一下看不见，踩歪了，因此骨折了。这是一次相当大的打击。

等腿好了，离全运会也只有 5 个月了。养伤期间，她身高长了 5 公分，体重增加 20 斤，而且腿很细。伤好了，接下来是魔鬼训练，每天 6 点起床，练习到 8 点，再吃早餐。中午，别人午睡，她穿着出汗服在外面跑步。顶着烈日炎炎，在晒得发烫、反着白光的马路上跑步。下午继续上高强度训练。1997 年的夏天，是郭晶晶训练中最苦的一段。李芳告诉郭晶晶："你是能参

加奥运会的水平，如果就此放弃，你会终身遗憾的。”

郭晶晶的技术特点是起跳有力、动作协调性好、动作难度大。尽管如此，郭晶晶的跳水生涯却充满坎坷。5 岁开始练跳水，15 岁她首次参加奥运会，连续经历了两届奥运会的失败，骨折，改变技术，视网膜脱落，苦苦等了 11 年，直到 2004 年雅典奥运会上，郭晶晶才最终修成正果。与中国另一位跳水皇后级人物伏明霞相比，郭晶晶是历经坎坷走向成功的。

坚持不懈地努力，对技术的精益求精，使郭晶晶成为“后伏明霞时代”跳水世界的女一号。

和郭晶晶一样，刘翔的成功也是由于多年来他对跨栏运动的喜爱和坚持。

跨栏类似短跑，是田径直道项目的一种，所以追求速度是首要的。“但是速度不是在跑道上跑出来。”孙海平肯定地说。多少年来，多少运动员在跑道上一遍一遍地刻苦冲刺，与煤渣和塑胶颗粒较劲，可实际上中国人的短跑并没有太明显的进步。“我本人就是一个很明显的例子。”孙海平苦恼地笑了笑，“就像卓别林在电影《摩登时代》里演的流水线作业工人一样，永远是机械和麻木地重复完成同样的动作，毫无质量可言。”速度快只是一个结果，很大的因素是取决于你是如何进行训练的那个过程，看你的专门速度和专门力量是怎么训练的。

为了提高速度，刘翔和教练不断努力。在刘翔进行训练时，孙海平或推或举或拉或摁着刘翔的身体，几个动作下来师徒俩都累得气喘吁吁。孙海平说：“往往一个动作，你给它施加一定压力，并要求它能够快速反弹，这对我们跑的项目在提高步频和动作幅度方面有极大的帮助。刘翔的动作幅度很大，而且还能快速地收回，这就提高了步频，速度就这样被提炼出来了。”通过各方面的努力，刘翔终于赢得了全世界的关注与赞扬。

学任何东西都一样，不能这个学点那个学点，一瓶子不满半瓶子晃荡，到头来什么都拿不出手，既浪费了时间也耗费了自己的生命。要学就学精它，现在人们对人才的要求已经不是仅仅“会”点什么就可以了，而是要求一定要精。光会不精的人太多了，这样的人没有核心竞争力，只有扎扎实实一步一个脚印的人才有核心竞争力。

术业有专攻，要学精而勿贪杂！青少年朋友们，在你们丰富自己生活的同时，不要忘了自己适合做什么，自己的重心是什么，只有这样，你将来才可以成为某一领域的精英。

每天多做一点点

每天多做一点点，意味着什么呢？意味着改变自己—— 一件事情会影响一个人的命运，几件事情会改变一个人的一生。只要你每天多做一点点，每一天都是一个阶梯，都是迈向目标的新的一步。换句话说，只有不断地追求才有不断地进步。只有不断地行动，才有不断的成就。

1986 年美国职业篮球联赛开始之初，洛杉矶湖人队面临重大的挑战。在前一年湖人队有很好的机会赢得王座。当时所有的球员都处于巅峰，可是决赛时却输给了波士顿的凯尔特人队，这使得教练派特·雷利和所有球员都极为沮丧。

派特·雷利为了让球员相信自己有能力登上王座，便告诉大家只要每人能在篮球技术上进步 1%，那个赛季便会有出人意料的好成绩。1%的成绩似乎是微不足道的，可是，如果 12 名球员每人都进步 1%，整个球队便能比以前进步 12%。只要能进步 1%以上，湖人队便足以赢得冠军宝座。结果大部分的球员进步了不止 5%，有的甚至高达 50%以上，这一年居然是湖人队夺冠最容易的一年。

很多人花费大量的时间和精力去寻找成功的捷径，却从来不肯多花费一点时间用在学习、工作上。其实，不要小瞧自己比别人多付出的那一点，它也许就会改变你的一生，伟大的成就通常是一些平凡的人们经过自己的不断努力而取得的。

“每天多做一点点”应该成为每一位青少年的准则。“每天多做一点点”看似微不足道，但日积月累，就会是一笔很大的财富。

在一个多雨的午后，一位老妇人走进了费城一家百货公司，大多数的柜台人员都懒得理她，却有一位年轻人问是否能为她做些什么。当她回答说只

是在等雨停时，这位年轻人不但没有推销给她并不需要的商品，而且也没有转身离去，反而拿给她一把椅子。

雨停之后，这位老妇人向年轻人说了声谢谢，并向他要了一张名片，几个月之后这家商店老板收到了一封信，信中要求派这位年轻人前往苏格兰收取装潢一整座城堡的订单。这封信就是那位老妇人写的，而她正是美国钢铁大王卡内基的母亲。

当这位年轻人打包准备去苏格兰时，他已经升任为这家百货公司的合伙人了。

这位年轻人是不是付出了很多的心血和劳动？不是。他只是比他旁边的人多付出了一些关心和礼貌。但是，再细想一下，他肯定是经常这样做，所以才养成了良好的习惯。对我们来说，"每天"多付出一点点，"天天"都多付出一点点，而不是哪天心血来潮了，就多做一点，做好一点，第二天，热情一过，则又回归原样。

比别人多付出一点关心和礼貌。这些东西对于每个人来说，都能够轻而易举地做到，却并不是谁都会去做，只有做了的人才会得到更多的回报。你多付出一分，就多一分的回报；你多付出十分，也许就会多得到一百分的回报，所谓"多一分耕耘多一分收获"。你所付出的额外服务会为你带来更多的回报，也许，成功的契机就隐含其中呢！

曾看到一位哲学家问他的弟子"知不知道南非树蛙"的故事。哲学家说："你可能不知道南非树蛙的事，但如果你想知道，你可以每天花 5 分钟的时间来查阅资料。这样，只要你持续不断地每天花 5 分钟的时间查阅相关资料，5 年内你就会成为最懂南非树蛙的人，成为这个领域中的权威。到时候有人就会邀请你，听你对南非树蛙的讲解。"

宇宙中有一种伟大的定律，叫付出定律。它告诉我们，只要你有付出，就一定有获得，获得不够，表示付出不够，想要得到更多，你必须付出更多。

每天多付出一点点，能让你的成绩脱颖而出，这个道理对于大部分学生都是一样的，只看你到底有没有每天多做一点点了。

李想，北京泡泡信息技术有限公司首席执行官，跻身年度十大创业新锐。25 岁即身家过亿，一位年轻财富明星的诞生，为蓬勃的财富界增添了活力和戏剧的色彩。他讲出自己成功的心得体会，其中有段发言对我们很有启发

意义。

“做一件事情比别人多付出 5%的努力，就可能拿到比别人多 200%的回报。”每周工作 6 天，每天工作超过 12 小时的李想，就是这条定律的最佳执行者。

别怕在磨刀上花工夫

两个樵夫阿德和阿财一起上山砍柴。第一天，两人都砍了八捆柴。上山砍柴一定要早睡早起，才可以在天亮时抵达砍柴地点。阿德想："多砍一捆就多一份收入，我明天可要起得更早，在天亮之前抵达。"阿财则在回家以后抓紧时间磨刀，并且准备第二天把磨刀石带上山。

第二天，阿德比阿财先到山上。他一开始就使尽浑身力气工作，一刻也不敢歇息。阿财虽然较迟上山，砍柴的速度却比昨天快，不一会儿，就追上了阿德的进度。

到了中午，阿财停了下来磨刀。他向阿德建议："不如你也休息一会儿吧！先把斧头磨一磨，再继续砍也不迟。家中的孩子闹着要吃野山楂，我们也可顺便采些回去。"

阿德拒绝了阿财，心想："我才不想浪费时间。趁着你休息的时候，我还可以抓紧时间多砍几捆柴呢！"

很快地，一天又结束了。阿德只砍了六捆柴，而阿财除了所砍的九捆柴，还采了一些哄孩子开心的野山楂。

阿德百思不得其解，他想不通为什么自己那么努力，却没有阿财砍得多。

第三天，阿德一边努力砍树，一边观察阿财工作的情况，他看不出阿财有什么秘诀，但他砍得就是快。终于，阿德再也忍不住，便问道："我一直很努力地工作，连休息的时间也没有。为什么你砍的比我还多又快呢？"

阿财看着他笑道："砍柴除了技术和力气，更重要的是我们手里的斧头。我经常磨刀，刀锋锋利，所砍的柴当然比较多；而你从来都不磨刀，虽然费的力气可能比我还多，但是斧头却越来越钝，砍的柴当然就少啊！"

"磨刀不误砍柴工"，我们的学习又何尝不是如此呢？有的同学整天都在

认认真真地努力学习，不敢让自己有丝毫的停歇，这样的同学，我们不能说他们不够努力，也不能说他们不够幸运，但是他们取得的成绩却不一定卓著。这到底是什么原因呢？其实最根本的原因就是他们为了完成眼前的学习而忘记了如何更好地学习。

完成眼前的学习和更好地学习是两个有着紧密联系而又存在很大区别的概念，完成眼前的学习任务需要付出艰辛的劳动、执著的努力和不懈的坚持，更好地学习同样需要这些条件，但是仅有这些是不够的，还需要善于学习。

课前预习，课后复习便如磨刀，一次次考试便是砍柴。没有那一次次“磨刀”，何来这好成绩？

课前预习十分重要。很多老师都反复地强调一定要学会课前预习。可我们虽然嘴上答应着，但是真正做到的同学确是寥寥无几。一些同学总认为，如果课前预习都弄懂了，还要上课干什么呢？其实，课前预习就好像来到一个优美的风景区，起初我们不太希望导游喋喋不休地去牵引大家的思绪，总希望通过自己的感官去感受湖光山色，然后再通过导游的讲解，从整体上、细节上去了解这风景和人文。只有认真地预习，才能更好地跟着老师的思路去体验“如诗如画的风景”！

课后复习更加重要。德国心理学家艾宾浩斯发现了遗忘曲线，你在第一天记忆的内容，在第二天便只剩下不到30%。如何让学习内容的“保质期”延长，只有一个方法，那便是复习。孔子曰：“温故而知新，可以为师矣。”可见，早在2000多年前，复习就已经为读书人所广泛重视。复习犹如磨刀，刀锋必须要时时磨砺，这样才能锋芒毕露。如何“磨刀”？我想每天都必须去有意识地背一背那些公式、定义，这是前人智慧的结晶，当烂熟于胸，应用起来便会信手拈来，得心应手，考试起来就会轻松自如。

“磨刀不误砍柴工”，这是提高效率的利器。不光学习如此，做事也是如此，如果不讲究方法，即使你投入了大量的时间和精力也难以达到想要的效果，只有掌握了方法，你的努力才会更出色。

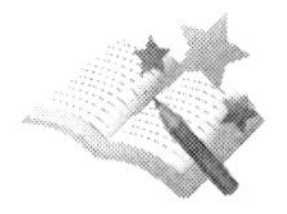

千里之行始于足下

千里之行始于足下，要想成就大事，应该多着眼于细微之事，多重视细微之事。事情的成功，多是从细微之处开始。

在现实世界里，每个人都有梦想，都渴望成功，然而智大才疏往往是阻碍人们成功的最大的障碍。人世间没有一蹴而就的成功，任何人都只有通过不断的努力才能凝聚起改变自身命运的爆发力。

《为学》里的那位贫僧，他仅仅靠一只钵，徒步走完了上千里的路程，到了南海。而那位物质条件充裕的富和尚却一直没有成行，去实现自己的愿望。

李贺虽只活到 27 岁，却留下了许多优秀诗篇。他的成功在于积累。他随身携带锦囊，一有灵感便记在纸上，放入囊中，晚上再将纸片拿出来整理，这样就积累了许多创作素材，最终成为一位著名诗人。

马克思为写《资本论》，阅读了 1500 多种书，留下了 100 多本读书笔记，他几乎掌握欧洲所有国家的语言，他在头脑里积累储存了取之不尽、用之不竭的信息和资料，所以才能高瞻远瞩，成为人类的导师。

大发明家爱迪生花了整整 10 个年头，经过五万次的试验，终于发明了蓄电池；狄更斯不管刮风下雨，坚持每天到街头去观察、谛听、记下行人的零言碎语，终于实现夙愿——成为一代文豪；我国气象事业的伟大奠基人、科学家竺可桢为了我国的气象事业可谓呕心沥血。他每天坚持写日记，一生中记下许多宝贵的气象资料，并且每天坚持步行上班，沿途观察气象变化，为气象研究提供了宝贵的资料。

无论多么远大的理想，多么伟大的事业，都必须从小处做起，从平凡处做起。细节决定成败，只要努力地做好每一件细微的事情，我们就能离成功越来越近。

“千里之行，始于足下”的反面是“千里之堤，溃于蚁穴”，如果忽视了一些小细节，“大意失荆州”的教训就会重新上演。

前苏联联盟一号宇宙飞船的惨痛教训仍让人记忆犹新。著名宇航员弗拉迪米尔·科马洛夫，1967年8月23日一个人驾驶联盟一号宇宙飞船胜利返航。当飞船进入大气层后，降落伞怎么也打不开，地面指挥中心采取了一切可能的救助措施也未能排除故障。两小时后，将着陆坠毁。在生命的最后两小时，科马洛夫十分坦然地用了70分钟向指挥中心汇报飞行探险情况，然后与家人诀别。他对泣不成声的女儿说：“你告诉全国的小朋友，学习时，认真对待每一个小数点，每一个标点符号。联盟一号发生的一切，就是因为地面检查时，忽略了一个小数点，请同学们记住这场悲剧吧！”7分钟后，轰隆一声巨响……

一个小数点的错位，竟使一名优秀的宇航员付出了宝贵的生命，可爱的女儿失去了一位优秀的父亲，究其原因，仅仅是地面工作人员的一时疏忽。实践证明：往往一些微不足道的小事，却是制造重大事件的魁首。这一悲剧再次向世人敲响了“千里之堤，溃于蚁穴”的警钟。

以上事例都铿锵有力地证明了“千里之行，始于足下”这句圭臬名言，伟人之所以成为伟人，就在于他们注重“足下”的积累，并能持之以恒，才有了“行千里”的辉煌。

但现实中的一些人似乎只知道树立理想，却不认真思考该怎样去做。他们只是日夜看着远方辉煌的目标而打发自己的青春，浪费自己的生命，结果只能是成为曾立志的无志者，到老一事无成。

愿每一位有志的青少年都把“千里之行，始于足下”作为座右铭，要始终坚信：美丽的浪花，是在经历海浪与礁石的一段撞击旅程才绚丽地绽放的；璀璨的成就，是在经历足下之地和千里之外的艰辛跋涉才壮丽地铸就的。

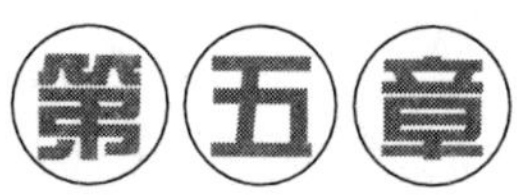

第五章

善待同学，做合格的朋友

助人者人恒助之。你怎样对待别人，别人就会怎样对待你；你怎样对待生活，生活就会怎样对待你。善良作为人们最美好的品质永远闪耀着人性的光辉！一个与人为善、从善如流的人总是会受到人们的称赞和尊重。当我们呼吁人与人之间要互相理解、互相尊重时，我们自己是否能够尊重别人，有善意理解他人的愿望呢？不要忘记，我们希望自己周围的人多些爱护、多些同情心时，我们自己也同样是“周围人中的一个”。如果你能够做到善待身边的每一位同学，相信同时你也会得到他们的真心。生活需要真诚，幸运总是青睐那些对别人怀有真挚爱心的人。有句话说得好：“幸福并不取决于财富、权力和容貌，而是取决于你和周围人的相处。”你想做个幸福快乐成功的人吗？那么就从善待他人开始吧！

善待别人，就是善待自己

20 世纪 50 年代初期，有个叫丹尼尔的年轻人，从美国西部一个偏僻的山村来到纽约。走在繁华的都市街头，啃着干硬冰冷的面包，他发誓一定要闯出一片属于自己的天空。

然而，对于没有进过大学校门的丹尼尔来说，要想在这座城市里找到一份称心如意的工作，简直比登天还难，几乎所有的公司都拒绝了他的求职请求。

就在他心灰意冷之时，有一天，他接到一家日用品公司让他前去面试的通知。他兴冲冲地前去面试，但是面对主考官有关各种商品的性能和如何使用的提问，他吞吞吐吐一句话也答不出来。说实话，摆在他眼前的许多东西他从未接触过，有的连名字都叫不出来。

眼看唯一的机会就要消失，在转身退出主考官办公室的一刹那，丹尼尔有些不甘心地问："请问阁下，你们到底需要什么样的人才？"

主考官彼特微笑着告诉他："这很简单，我们需要能把仓库里的商品销售出去的人。"

回到住处，回味着主考官的话，丹尼尔突然有了奇妙的感想：不管哪个地方招聘，其实都是在寻找能够帮自己解决实际问题的人。既然如此，何不主动出去，去寻找那些需要帮助的人？他想，总有一种帮助是他能够提供的。

不久，在当地一家报纸上，登出了一则颇为奇特的启事。文中有这样一段话：……谨以我本人人生信用作担保，如果你或者贵公司遇到难处，如果你需要得到帮助，而且我也正好有这样的能力给予帮助，我一定竭力提供最优质的服务……

让丹尼尔没有料到的是，这则并不起眼的启事登出后，他接到了许多来

自不同地区的求助电话和信件。

原本只想找一份适合自己的工作的丹尼尔，这时又有了更有趣的发现：老约翰为自己的花猫咪生下小猫照顾不过来而发愁，而凯西却为自己的宝贝女儿吵着要猫咪找不到卖主而着急；北边的一所小学急需大量鲜奶，而东边的一处牧场却奶源过剩……诸如此类的事情一一呈现在他面前。

丹尼尔将这些情况整理分类，一一记录下来，然后毫不保留地告诉那些需要帮助的人。而他，也在一家需要市场推广员的公司找到了适合自己的工作。不久，一些得到他帮助的人给他寄来了汇款，以表谢意。

据此，丹尼尔灵机一动，辞了职，注册了自己的信息公司，业务越做越大，他很快成为纽约最年轻的百万富翁之一。

成功无定律，丹尼尔在给别人帮助的同时，也为自己创造了最好的成功机会。

善待别人就是善待自己，有时候，帮助别人也是帮助自己。

第二次世界大战中的一天，欧洲盟军最高统帅艾森豪威尔乘车回总部，参加紧急军事会议。

那天大雪纷飞，天气极冷，车一路奔驰。忽然，他看到一对法国老夫妇坐在路边，冻得发抖。他立即命令身旁的翻译官下车去问问。一位参谋急忙说："我们得按时赶到总部开会，这种事还是给当地的警方处理吧！"艾森豪威尔坚持说："等警方赶到，这对老夫妇可能早冻死了！"

原来，这对老夫妇是去巴黎投奔儿子，车抛锚了，前不着村后不着店，正不知如何是好。艾森豪威尔立即请他们上车，特地绕道将夫妇送到巴黎，才赶回总部。

艾森豪威尔根本没想过行善图报，然而，他的善良却得到了意想不到的回报。原来，那天德国纳粹狙击兵已预先埋伏在他们的必经之路上，只等他的车一到就立刻实施暗杀行动。如果不是为帮助那对老夫妇而改变了行车路线，他恐怕很难躲过这场劫难。假如艾森豪威尔遭到伏击身亡，那么，整个"二战"历史很可能因此而改写！

由此可见，善待别人就是善待我们自己，俗话说："赠人玫瑰，手留余香。"这句话就是告诉我们要尽量地帮助别人，从中我们也会得到快乐与幸福。

在一场异常激烈的战斗中，一位班长发现一架敌机正飞速地向阵地俯冲下来，正当他准备卧倒时，突然发现离他四五米远处有一个小战士还在那儿直愣愣地站着。他顾不上多想，就一下子扑了过去，将小战士紧紧地压在身下。一声巨响过后，班长站起身来拍拍落在身上的泥土，回头一看，他惊呆了：自己最开始所处的那个位置被炸成了一个大坑。

故事中的小战士是幸运的，但更加幸运的是班长，因为他在帮助别人的同时也帮助了自己，甚至挽救了自己的性命！在我们人生的大道上，肯定会遇到许许多多的困难。但我们是不是都知道，在前进的道路上，搬开别人脚下的绊脚石，有时恰恰是为自己铺路？

古人云“勿以善小而不为”。即使只是把路中的石块移走，看似小事一桩，但也许就会避免一场车祸的发生；在朋友心情低落，甚至想走上绝路时，你的一番鼓励安慰，也许就会让一个生命获得重生；当别人身处困境时，你伸出的援助之手，也许就会给他带来力量，让他看到希望的光芒。有时候你对别人一点小小的给予，却可能连着大大的回报。

尊重每一位同学

好些年前，哈佛的校长为一次错误判断，付出了很大的代价。

有一对老夫妇，女的穿着一套褪色的条纹棉布衣服，而她的丈夫则穿着布制的便宜西装，没有事先约好，就直接去拜访哈佛的校长。

校长的秘书在片刻间就断定这两个乡下土老帽根本不可能与哈佛有业务来往。

先生轻声地说："我们要见校长。"

秘书很礼貌地说："他整天都很忙!"

女士回答说："没关系，我们可以等。"

过了几个钟头，秘书一直不理他们，希望他们知难而退，自己走开。他们却一直等在那里。

秘书终于决定通知校长："也许他们跟您讲几句话就会走开。"

校长不耐烦地同意了。

校长很有尊严而且心不甘情不愿地面对这对夫妇。

女士告诉他："我们有一个儿子曾经在哈佛读过一年，他很喜欢哈佛，他在哈佛的生活很快乐。但是去年，他出了意外而死亡。我丈夫和我想在校园里为他留一纪念物。"

校长并没有被感动，反而觉得很可笑，粗声地说："夫人，我们不能为每一位曾读过哈佛而后死亡的人建立雕像的。如果我们这样做，我们的校园看起来会像墓园一样。"

女士说："不是，我们不是要竖立一座雕像，我们想要捐一栋大楼给哈佛。"

校长仔细地看了一下条纹棉布衣服及粗布便宜西装，然后吐一口气说：

“你们知不知道建一栋大楼要花多少钱？我们学校的建筑物超过 750 万美元。”

这时，这位女士沉默了。校长很高兴，总算可以把他们打发了。

这位女士转向她丈夫说：“只要 750 万就可以建一座大楼？那我们为什么不建一所大学来纪念我们的儿子？”

就这样，斯坦福夫妇离开了哈佛，到了加州，成立了斯坦福大学来纪念他们的儿子。

仅仅是一次对别人的不尊重，使得哈佛大学失去了一次大大提升自己硬件设施的良机，也是因为这次的看不起使得哈佛大学从此多了一个实力较强的竞争者。这就是不尊重别人的代价。

尊重别人是起码的礼貌，青少年朋友们一定要懂得尊重身边的每一位同学，只有这样，你才能真正地获得别人的尊重。每个人都有自己与众不同的价值，青少年朋友们千万不要因为某一位同学成绩不好或家庭条件差而忽视对这些同学的尊重，要知道不尊重别人的结果只会导致别人对你的不尊重。

在一次讨论会上，一位著名的演说家没讲一句开场白，手里却高举着一张 20 美元的钞票。面对会议室里的 200 个人，他问：“谁要这 20 美元？”一只只手举了起来。他接着说：“我打算把这 20 美元送给你们中的一位，但在这之前，请准许我做一件事。”他说着将钞票揉成一团，然后问：“谁还要？”仍有人举起手来。他又说：“那么，假如我这样做又会怎么样呢？”他把钞票扔到地上，又踏上一只脚，并且用脚踩它。然后他拾起钞票，钞票已变得又脏又皱。“现在谁还要？”还是有人举起手来。“朋友们，你们已经上了一堂很有意义的课。无论我如何对待那张钞票，你们还是想要它，因为它并没贬值，它依旧值 20 美元。人生路上，我们会无数次被自己的决定或碰到的逆境击倒、欺凌甚至碾得粉身碎骨。我们觉得自己似乎一文不值。但无论发生什么，或将要发生什么，在上帝的眼中，你们永远不会丧失价值。在他看来，肮脏或洁净，衣着齐整或不齐整，你们依然是无价之宝。”

生命的价值不依赖我们的所作所为，也不仰仗我们结交的人物，而是取决于我们本身！我们是独特的——永远不要忘记这一点！所以时刻牢记尊重身边的每一个人，因为每个人都具有同等的生命价值。

在美国，一位颇有名望的富商在路边散步时，遇到一个衣衫褴褛、形同瘦骨的摆地摊卖旧书的年轻人在寒风中啃着发霉的面包。有着同样苦难经历

的富商顿生一股怜悯之情，便不假思索地将 8 美元塞到年轻人的手中，然后头也不回地走开了。没走多远，富商忽然觉得这样做不妥，于是连忙返回来，从地摊上捡了两本旧书，并抱歉地解释说自己忘了取书，希望年轻人不要介意。最后，富商郑重其事地告诉年轻人说："其实，您和我一样也是商人。"

两年之后，富商应邀参加一个商贾云集的慈善募捐会议，一位西装革履的年轻书商迎了上来，紧握着他的手不无感激地说："先生，您可能早忘记我了，但我永远也不会忘记你。我一直认为我这一生只有摆摊乞讨的命运，直到你亲口对我说，我和你一样都是商人，这才使我树立了自尊和自信，从而创造了今天的业绩……"

富商万万没有想到，两年前一句普通的话竟能使一个自卑的人树立了自尊，一个穷困潦倒的人找回了自信心，一个自以为一无是处的人看到了自己的优势和价值，终于通过自强不息的努力获得了成功。

不难想象，这位富商当初即使给年轻人很多钱，没有那一句尊重鼓励的话，年轻人也断不会出现人生的剧变。这就是尊重的力量啊！

站在朋友的立场看问题

我们生活的世界是一个人与人之间紧密相连的世界，因此，我们的生活总会直接或间接地影响到别人的生活，反之，别人也影响到我们。懂得生活，懂得为别人着想，人与人之间才会融洽相处，快乐地生活。理解是一种宽容，是一种胸怀。为别人着想的人，处处受尊敬，而一个只为自己打算的人，走到哪里都会让人瞧不起。

有这么一个故事：一只小猪、一只绵羊和一头乳牛，被关在同一个畜栏里。有一次，牧人捉住小猪，小猪大声号叫，猛烈地挣扎抗拒。绵羊和乳牛讨厌小猪的号叫，便说："他常常捉我们，我们并不大呼小叫。"

小猪听了回答道："捉你们和捉我完全是两回事，他捉你们，只是要你们的毛和乳汁，但是捉住我，却是要我的命呢!"

是啊！在现实生活中有好多这样的事，当看到别人被批评时，多少人总是幸灾乐祸，嘲笑别人太笨；当别人受到感情的挫折痛苦难过时，多少人总是事不关己高高挂起，讥讽别人太幼稚；当别人遇到困难需要帮助时，多少人总是从身边擦肩而过，生怕自己受牵连。往往就是这样，当这些发生在别人身上好像一切都是应该的，然而发生在自己身上时才能感受到其中的痛苦与无奈。当被别人批评也许是个误会，当感情受到挫折痛苦难过说明曾经真正感受过幸福的爱，当遇到困难需要帮助定是内心深处真诚的企求。可能当时你并感受不到他人的感受，因为你的立场不同、所处的环境不同，很难了解别人的感受；因此对别人的失意、挫折、伤痛、不宜幸灾乐祸，而应有关怀、了解的心情。

很多时候，我们都是站在自己的角度上考虑问题，我们喜欢强人所难，但我们很多时候没有意识到这一点。我们总是喜欢把自己的意志强加到别人

身上，还振振有词：你会喜欢的，你就该这样做。可是事实上这只是我们的自以为是。

奥地利著名心理学家亚佛·亚德勒在著作《人生对你的意识》中有这样一句话："对别人不感兴趣的人，他一生中的困难最多，对别人的伤害也最大。所有人类的失败，都出自这类人。"

被公认为"世界魔术师中的魔术师"的赫万·哲斯顿，在他活跃的那个年代，他精彩的表演能让超过6000万的观众买票进场看他的演出。他成功的秘诀是什么？

很简单，就是从观众的角度出发，多为观众着想，懂得表现人性。哲斯顿对每个观众都表现得真诚地感兴趣。他说，许多魔术师在看到观众时会对自己说："坐在台下的都是一群傻子和笨蛋，我能将他们骗得团团转。"而哲斯顿却不这样想，他每次在上台时都会对自己说："我得赶紧，因为这些人来看我的表演，是我的衣食父母，是他们让我过上舒服的日子，因此，我要将最高明的手法表演给他们看。"

说话也一样。如果你想让自己说出的话具有价值，能引起共鸣，或者能带来价值，那么你就要记住一条黄金法则，那就是你想别人如何对待你，你首先就要如何对待别人。你只有从关怀对方的角度出发，多为对方着想，才能赢得对方的信任和认可。

我们要获得别人的支持，就必须先替别人着想，对别人作出自己力所能及的支持，至少要做出关心别人的举动。

推销精英弗兰克·罗塞尔打电话给他的客户，说："您好，杰克先生，现在我将要为您提供一项服务，是其他人无法替您设想的。"

"究竟是什么服务？"顾客不解地问。

"我可以为您供应一货车石油。"

"我不需要。"

"为什么？"

"因为我没有地方可以放啊！"

"杰克先生，如果我是您的兄弟，我会迫不及待地告诉您一句话。"

"什么话？"

"货源就快要紧缺，那时您将无法买到所需要的油料，而且价钱也要涨，

我建议您现在买下这些石油。”

“我现在用不上，而且我也真的没地方可以放。”

“为什么不现在租一个仓库呢?”

“还是算了吧！谢谢你的好意。”

不一会儿，当弗兰克·罗塞尔回到办公室时，看到办公桌上放着一张留言条，上边写道：“杰克先生让您回电话。”

罗塞尔拨通了杰克的电话，就听见杰克在电话那头说：“我已经租好了一个旧车库，能存放石油，请您将石油送过来吧!”

当你能够帮助别人，为他们提供有价值的信息时，他们也将会用同样的方式对待你。无论任何时候，要获得对方的认同，就先要为对方着想，关心对方的利益，如此你们才能成为最好的朋友。

也许我们并不能帮助每一个受伤害的人，但我们可以给每一个身边的人一个微笑，也许这个不经意的付出对需要理解的人是一种莫大的关怀，我们不用时刻想着怎样去帮助别人，只需要时刻站在别人的立场看问题就足够了。

承担自己的过错是一种责任

1920年，有个11岁的美国男孩在他家门前的空地上踢足球，一不小心，踢出去的足球不偏不倚地打坏了邻居家新装的玻璃窗。愤怒的邻居向惊慌失措的男孩索赔12.5美元，在当时，12.5美元是一笔不小的数目，足足可以买125只生蛋的母鸡！这是一个天天只有几美分零花钱的小男孩想都不敢想的天文数字。

闯了大祸的男孩没有其他办法，只好向父亲讲了这件事，希望父亲会替他担起这份他无论如何也负担不了的责任。没想到，一直宠爱他的父亲却要他对自己的过失负责。男孩为难地说："我哪有那么多钱赔人家？"

父亲拿出了12.5美元，严厉地对儿子说："这笔钱我可以借给你，但是一年后你必须还给我。因为，承担自己的过错是一个人的责任，是责任你就不能选择逃避。"

男孩把钱付给邻居后，开始了艰苦的打工生活。他放弃了平日里热衷的各种游戏，把课余时间都利用起来做所有自己力所能及的工作，经过半年的不懈努力，男孩终于挣够了12.5美元，并把它还给了父亲。平生第一次，他通过自己的顽强努力承担起了自己的责任。

经济大萧条时期，他的父亲破产了。他大学刚毕业，就主动负担起整个家庭的生活，并资助哥哥重回学校学习。后来他成为一名电视节目主持人。在他处于事业顶峰时，出于强烈的责任感，他公开批评自己所在电视公司的最大的赞助商——通用电气公司，因此不得不离开电视界，从此投身政界。

在他获得了自己梦想的职位后，又一场经济危机使他的前行之路障碍重重。这次他担负起了引领当时世界上第一强国走出困境的责任。他成功了，8年后，他把一个开始复苏的美国交到了继任者手中。

他的名字是罗纳德·里根。

承担自己的过错是一种责任，也是一种精神，敢为自己的过错负责任的人才会赢得人们的信任和尊敬。

周处年轻时，为人蛮横强悍，任性使气，是当地一大祸害。义兴的河中有条蛟龙，山上有只白额虎，一起祸害百姓。义兴的百姓称他们是三大祸害，三害当中周处最为厉害。有人劝说周处去杀死猛虎和蛟龙，实际上是希望三个祸害相互拼杀后只剩下一个。周处立即杀死了老虎，又下河斩杀蛟龙。蛟龙在水里有时浮起、有时沉没，漂游了几十里远，周处始终同蛟龙一起搏斗。经过了三天三夜，当地的百姓们都认为周处已经死了，轮流着对此表示庆贺。结果周处杀死了蛟龙从水中出来了。他听说乡里人以为自己已死，而对此庆贺的事情，才知道大家实际上也把自己当做一大祸害，因此，有了悔改的心意。于是便到吴郡去找陆机和陆云两位有修养的名人。当时陆机不在，只见到了陆云，他就把全部情况告诉了陆云，并说："自己想要改正错误，可是岁月已经荒废了，怕最终没有什么成就。"陆云说："古人珍视道义，认为'哪怕是早晨明白了圣贤之道，晚上就死去也甘心'，况且你的前途还是有希望的。再说人就怕立不下志向，只要能立志，又何必担忧好名声不能传扬呢？"周处听后就改过自新，终于成为一名忠臣。

和周处一样，廉颇也是历史上有名的一位敢于为自己的错误负责的人。

战国时候有七个大国，这七国当中，又数秦国最强大。秦国常常欺侮赵国。有一次，赵王派一个大臣的手下人蔺相如到秦国去交涉。蔺相如见了秦王，凭着机智和勇敢，给赵国争得了不少面子。秦王见赵国有这样的人才，就不敢再小看赵国了。赵王看蔺相如这么能干。就先封他为"大夫"，后封为上卿（相当于后来的宰相）。

赵王这么看重蔺相如，可气坏了赵国的大将军廉颇。他想：我为赵国拼命打仗，功劳难道还不如蔺相如吗？蔺相如光凭一张嘴，有什么了不起的本领，地位倒比我还高！他越想越不服气，怒气冲冲地说："我要是碰着蔺相如，要当面给他点儿难堪，看他能把我怎么样！"

廉颇的这些话传到了蔺相如耳朵里。蔺相如立刻吩咐自己手下的人，叫他们以后碰着廉颇手下的人，千万要让着点儿，不要和他们争吵。以后，他自己坐车出门，只要听说廉颇打前面来了，就叫马车夫把车子赶到小巷子里，

等廉颇过去了再走。

廉颇手下的人，看见上卿这么让着自己的主人，更加得意忘形了，见了蔺相如手下的人，就嘲笑他们。蔺相如手下的人受不了这个气，就跟蔺相如说：“您的地位比廉将军高，他骂您，您反而躲着他，让着他，他就越发不把您放在眼里啦！这么下去，我们可受不了！”

蔺相如心平气和地问他们：“廉将军跟秦王相比，哪一个厉害呢？”大伙儿说：“那当然是秦王厉害。”蔺相如说：“对呀！我见了秦王都不怕，难道还怕廉将军吗？要知道，秦国现在不敢来打赵国，就是因为国内文官武将一条心。我们两人好比是两只老虎，两只老虎要是打起架来，不免有一只要受伤，甚至死掉，这就给秦国造成了进攻赵国的好机会。你们想想，国家的事儿要紧，还是私人的面子要紧？”

蔺相如手下的人听了这一番话，非常感动，以后看见廉颇手下的人，都小心谨慎，总是让着他们。

蔺相如的这番话，后来传到了廉颇的耳朵里。廉颇惭愧极了。他脱掉一只袖子，露着肩膀，背了一根荆条，直奔蔺相如家。蔺相如连忙出来迎接廉颇。廉颇对着蔺相如跪了下来，双手捧着荆条，请蔺相如鞭打自己。蔺相如把荆条扔在地上，急忙用双手扶起廉颇，给他穿好衣服，拉着他的手请他坐下。

蔺相如和廉颇从此成了很要好的朋友。这两个人一文一武，同心协力为国家办事，秦国因此更不敢欺侮赵国了。“负荆请罪”也就成了一句成语，表示向别人道歉、勇于承认自己错误的意思。

勇于承担错误，不会降低我们的身份，相反，会让别人更容易接近你，更加地尊重你，青少年朋友们，承担错误是一种责任，我们应该虚心接受别人的批评指责，更好地塑造自己。

说话别戳中别人的痛处

有一个男孩有着很坏的脾气，于是他的父亲就给他了一袋钉子，并且告诉他，每当他发脾气的时候就钉一根钉子在后院的围篱上。

第一天，这个男孩钉下了 37 根钉子。慢慢地每天钉下的数量减少了。他发现控制自己的脾气要比钉下那些钉子来得容易些。

终于有一天这个男孩再也不会失去耐性乱发脾气，他便告知他的父亲，父亲告诉他，从现在开始，每当他能控制自己的脾气的时候，就拔出一根钉子。

一天天地过去了，最后男孩告诉他的父亲，他终于把所有钉子都拔出来了。

父亲握着他的手来到后院说：你做得很好，我的好孩子。但是看看那些围篱上的洞，这些围篱将永远不能恢复成从前。你生气的时候说的话将像这些钉子一样留下疤痕。如果你拿刀子捅别人一刀，不管你说了多少次对不起，那个伤口将永远存在。话语的伤痛就像真实的伤痛一样令人无法承受。

人与人之间常常因为一些彼此无法释怀的坚持，而造成永远的伤害。如果我们都能从自己做起，开始宽容地看待他人，相信你一定能收到许多意想不到的结果，帮别人开启一扇窗，也就是让自己看到更完整的天空。

从前有一个秃子出门在外，住进一家小店。小店只有两张床，正好，秃子对面住了个麻子。那天正是十五，月光透过窗户照在麻子的脸上，秃子越看越有趣，就忍不住笑了起来。麻子问秃子：“你笑啥哩?”秃子答：“我不笑啥，我这个人就是爱笑。”麻子说：“你看今夜月光多好!”秃子提议：“难得今夜好月光，咱俩都是出门人，何不对月吟诗?”麻子说：“愿和。”秃子说：“我能从一个字吟到七个字。”麻子说：“洗耳恭听了。”秃子吟出一首诗：

脸

天牌

糯米筛

雨洒尘埃

新鞋印泥印

石榴皮翻过来

豌豆堆里坐起来

秃子把麻子嘲讽了个痛快，很是得意忘形。就对麻子说：“你能也从一个字吟到七个字吗?”“好诗，好诗!”麻子说，“你吟罢了，我再模仿便没有味道，不如我从七个字吟到一个字如何?”秃子说：“请教。”麻子就吟出一首诗：

一轮明月照九州

西瓜葫芦绣球

不用梳和篦

虫虱难留

净肉

球

秃子羞得满面通红，再也说不出话来。

人们常说“笑人不如人”，戏弄别人，却被他人嘲笑，这便是居心叵测之人的下场。记住，不要嘲笑别人的缺点，因为每个人都有缺点，你用怎样的方式嘲笑别人，别人也可以用同样的方式回敬你。

雨后，一位年轻的妈妈和他的孩子在草坪上玩耍，镶嵌着露珠的草坪像被洗过似的，显得格外翠绿。树叶上断了线的“珠子”正一颗颗往下掉，奏出了优美的音乐，“滴答——滴答——”“真好听啊!”孩子情不自禁地发出感叹。

“你瞧，这是什么?”妈妈变戏法似的拿出了一只蜗牛。

“真可爱，它有什么用啊?”孩子疑惑不解地看了看妈妈，妈妈什么也没说，只是把蜗牛放在地上，让它爬行。孩子看见蜗牛爬的样子，不禁笑出了声。“孩子，不要嘲笑别人的缺点，它也是有优点的。”“优点?蜗牛吗?哈哈，和乌龟差不多，能有什么优点?”这位妈妈摇了摇头，对孩子说：“你不

知道吗？那就是它那坚持不懈的精神！”

蜗牛虽然弱小，但它坚持不懈的精神，是大家公认的。它爬得慢没错，可是，知道自己比别人差，却还坚持着，毫不松懈，希望有一天，自己能超越别人，了解了它这样的精神难道你还会嘲笑它吗？这位妈妈给她的孩子上了非常生动的一课，我想这个孩子会终身受益的吧！就算是小小的蜗牛，我们也不可以嘲笑其爬行得慢，相反我们应该更加尊重它。对人也一样，不可以嘲笑别人的短处，别人的痛处，这是我们应有的修养。

在别人眼中看自己

首先我们看一下各国领导人对周恩来总理的评价：

印度尼西亚前总统苏加诺说："毛主席真幸运，有周恩来这样一位总理，我要是有周恩来这样一位总理就好了。"

建国前，斯大林和米高扬也说过："你们在筹建 government 方面不会有麻烦，因为你们有现成的一位总理，周恩来。你们到哪里去找这样好的总理呢?"

苏联前总理柯西金对毛主席说："像周恩来这样的同志是无法战胜的，他是全世界最伟大的政治家。"末了，他又补了一句："前天美国报纸上登的。"

英国前外交大臣艾登对美国记者说："你们早晚会知道，周恩来可不是平凡的人。"

苏联前外交部长莫洛托夫对西方记者说："你们认为我难以对付的话，那你们就等着与周恩来打交道吧!"

印度印中友协会长说："世界上的领导人，能多一些像周总理的，世界和平就有希望了。"

肯尼迪夫人杰奎琳说："全世界我只崇拜一个人，那就是周恩来。"

这就是他们对我们伟大周总理的评价，为什么对周总理的评价如此之高呢？那是因为周总理无论对人对事都做到了近乎完美，勤俭廉洁、坚定自信、无私奉献、信仰坚定、以身作则、谦虚谨慎、宽容大度、感情专一、机智敏锐、平易近人，这十个短语是对周总理最好的总结。

很多人都想知道自己在他人的眼中是什么样子的，其实你在平时所表现的样子就是你在别人眼中的样子。要想给别人留下好印象，你就必须首先做好你自己，只有做好你自己，别人才会对你印象好，才会有想深入了解你的

欲望，从而你会获得更多的机会，但前提必须是你首先做好你自己。

有一个年轻人，自以为是全才，但毕业以后屡次碰壁，一直找不到理想的工作。他觉得自己怀才不遇，对社会感到非常失望，他抱怨没有伯乐，来赏识他这匹“千里马”。

痛苦绝望之下，他来到大海边，打算就此结束自己的生命。在他正要自杀的时候，有一个老僧从这里走过，救了他。老僧就问他为什么要走绝路，他说自己不能得到别人和社会的承认，没有人欣赏并且重用他。

老僧从脚下的沙滩上捡起一粒沙子，让年轻人看了看，然后就随便地撒在了地上，对年轻人说：“请你把我刚才撒在地上的那粒沙子捡起来。”

“这根本不可能！”年轻人说。

老僧没有说话，接着从自己的口袋里掏了一颗晶莹剔透的珍珠，也是随便地撒在了地上，然后对年轻人说：“你能不能把这颗珍珠捡起来呢？”

“这当然可以！”

“那你就应该明白是为什么了吧？你应该知道，现在自己还不是一颗珍珠，所以你还不能苛求别人立即承认你。如果要别人承认，那你就要由沙子变成一颗珍珠才行。”

年轻人幡然醒悟。

很多时候，我们之所以得不到别人的认可，是因为我们只是一颗普通的沙子，而不是价值连城的珍珠。所以，若要使自己得到别人的赏识，那你就要努力提高自己的能力，使自己成为一颗珍珠。

我们不仅要做到完善自己，还要学会欣赏别人，欣赏别人就好比找到了对比的镜子，在欣赏中就能发现自己的优点和缺点，从而树立自己努力的方向和目标；欣赏自己就找到了启开自信、振作精神的钥匙，就有了刻苦努力的信心和动力。

可以说，一个人在为人处世当中，懂得欣赏别人，将决定这个人一生的成长。

人来到这个世上，能遇到一起，本来就是一种缘分。古人云：“三人行，必有我师焉”，尺有所短，寸有所长，每个人都有他的“闪光点”和可取之处。只要我们善于发现，善于学习，就能取众人之长，补己之不足。

欣赏别人才会得到别人的赏识，欣赏别人，要有勇气、胸怀和气度。这

种欣赏不是圆滑的曲意逢迎，也不是不讲原则地和稀泥，而是自己把握心态平衡，在为人上谦逊、厚道一些，在处事上得体、周全一些，在说话上稳重、随和一些。

欣赏别人就好比找到了对比的镜子，在欣赏中就能发现自己的优点和缺点，从而树立自己努力的方向和目标；欣赏自己就找到了启开自信、振作精神的钥匙，就有了刻苦努力的信心和动力。

因此，只要我们学会欣赏别人，就会得到别人的赏识，只要我们心怀真诚、友善、坦荡，就能做到互相赏识，彼此之间才能架起沟通、理解、关爱的桥梁，我们的学习、工作和生活才会充满快乐。

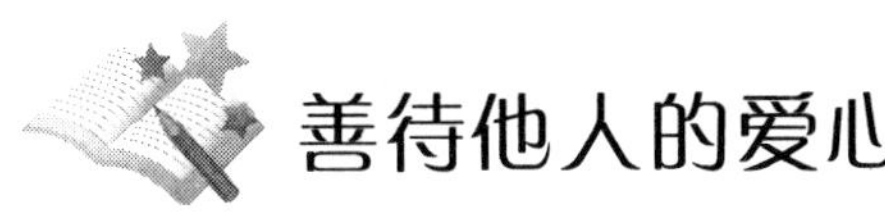

善待他人的爱心

著名影星孙俪曾帮助过一位贫困生，而最终因为那名学生花销太大，引起孙俪的不满，孙俪终止了对那位贫困学生的资助。

一人有难，八方支援，本是中华民族的优良传统。生活在贫困地区，贫困家庭的孩子因缴不起学费而中途退学，对己，对家庭，对整个社会都是不幸的事件。一些有爱心的人士愿意拿出钱来帮助这些贫穷的孩子完成学业，甚至读完大学，一方面，我们应该庆幸这些孩子是不幸中的万幸，终归有人帮助你了；另一方面，我们也要敬佩那些有爱心的人士的义举。

那么如果一个人接受了他人的帮助，他将采取什么样的方式来回报资助人呢？当然，人家既然资助了你，至少在物资与金钱上比你富有，所以，回报的方式不可能是金钱与物资的。而最令资助人关心的恐怕是受助人的学习如何以及他是如何花销受助的费用的。

既然一个人接受了他人的资助或帮助，即使是微不足道的，也要有一颗感恩的心。不是有“滴水之恩，当涌泉相报”之说吗？在你困难时，有人拉你一把，那要比平常更显得珍贵。受助人既然得到了人家的资助，一方面是要刻苦学习，完成学业，学有所成，早日独立，奉献社会。另一方面，是不要把别人的爱心视为理所当然地索取，也就是不要太贪得无厌。钱毕竟是人家挣的，给多给少是人家的心意，你如果认为是理所当然，那恐怕不是什么好事，最终会使你变得贪婪起来，而只管坐享其成。这样只会使你养成不劳而获的坏习惯。凡事的成功，其最终的因素还是要靠自己，别人的帮助固然重要，但绝不会是最本质的。

所以孙俪终止了对那位学生的资助，也在情理之中。

2008年5月12日注定是令人难以忘却的一天。北京时间当日14时28分，在四川汶川县发生里氏8.0级地震。天灾来了，为灾民捐款，是实施援助、奉献爱心的一种手段。然而我们不应该把捐款多少作为衡量爱心大小的标准，只要捐款了，哪怕是一元钱，都应该看成一份爱心。

当得知地震灾区的人员伤亡惨重之后，姚明毫不犹豫地捐款50万人民币为灾区人民奉献爱心。而在此之前姚明就曾有过多次义举，并多次热心为公益事业捐赠财物。本来，我们应该对姚明这种举动给予掌声的，但是有些网友却指责他。理由是姚明和休斯敦火箭队签下了五年合同，经过计算，2007年的年薪在1376万美元（约合9800万人民币）左右，在所有NBA球员中排行第20位。而美国权威财经杂志《福布斯》公布的消息显示，2007年姚明的主要收入还是来自于各种各样的广告费用，总收入约合人民币2.6亿。还有人说美国卡特里娜飓风死亡人数1209人姚明慷慨解囊100万美元，而这次他的祖国汶川大地震，姚明只捐款7万美元，来痛斥这位体育界的“民族英雄”奉献爱心的不同态度！

有些网友指责姚明，是可以理解的。但是捐款是一件自愿的事情，捐与不捐，或者捐款多少，都是个人自由的选择，应该得到尊重。这次，姚明捐款50万元人民币，是一个不小的数目。可是我们有些网友却觉得他上次捐款100万美元，而这次只捐7万美元，就对他产生怒气。如果能够冷静思考，是不是这种行为是一种无理取闹？比如，一个人遇到困难，别人给他捐款，难道他还应该理直气壮地说别人只给这么少的钱吗？

灾难触动了每个中国人的心，因此我们要献出爱心去帮助灾民。只要我们尽力而为就可以，而不是一种捐钱的竞赛。我觉得有钱出钱、有力出力，总之有这份心意就可以了。我们应该明白，爱心不分大小、捐款不分多少。

还有人批评某国外大企业没有捐款，是为富不仁；有人指责某富国在捐款上太小气，那点钱不符合其身份（其实这个国家民间已经捐了许多钱）；有人对明星和企业老总的捐款进行排行，营造攀比的捐赠氛围，对捐款相对较少者施加舆论压力；还有人将某富豪的名字贴出来，追问其为什么不捐款。

爱心不能简单用金钱衡量的。大灾面前，无论是谁，只要能尽自己的一份心，能为救灾做点事就值得肯定。每一分钱都值得尊重，每一颗爱心都闪

烁着人性的光辉和爱的力量。灾难面前，最重要的不是你捐了多少钱，而是我们能不能拧成一股绳，以群体的力量战胜灾难。这个时候，最需要的是在爱心中传递彼此抱团的温暖。

青少年朋友们要记住，不管别人给你的帮助是大是小，你都要善待别人的爱心，要懂得“滴水之恩，当涌泉相报”这一道理。

用关爱换取挚友

无论对方是什么样的性格，有哪些喜好和特点，真诚地面对他，在他困难的时候热情地帮助他，雪中送炭都是吸引对方的最有力的方式。对于这些潜力股，应该用热情和真心去跟他们交往，如果在刚开始接触时，你主动地表现出自己的热情，就能让对方放下戒备心，拉近彼此心理上的距离。

有一次马旭独自一人外出旅行。晚上闲来无事，就到旅店的咖啡厅里小坐。咖啡厅里三三两两的，人不多，即使聊天声音也都很小。突然她看到一位穿着不凡的先生独自闷闷地坐在咖啡厅的边角处。

“你好，先生！这里可以坐吗？”她指着挨着他的座位搭讪。

“当然可以，请坐！很高兴认识您！”他愣了一下，很快起身向我示意道。

“我是P公司的营销部门经理，是来这里度假的，今晚无事，就过来坐坐。”说着她双手递上了自己的名片，“您可以直接叫我的名字。”估计他比自己年长一些。

他很高兴地接过名片，犹豫了一下，拿出了一张名片递给马旭，“真是不好意思，我现在没有新名片，这个名片很快就没用了。”说话时他的眼神中闪过一丝黯淡，“我的公司快倒闭了，本来房子都已经盖好了，结果一场飓风把他们全毁了。”

名片上写着“美国豪爵房地产开发公司董事长布兰克·威尔逊”，马旭想他也许还没从失败的痛苦中解脱出来，于是说：“真是不幸！不过，布兰克，我能帮你做些什么呢？幸好我认识一些银行的负责人，也许他们能帮你的忙。”

布兰克的眼睛一亮，突然有了些精神：“我现在急缺周转资金，如果你能帮我，那……”他突然有些激动，不由自主地抓住她的手。

……

经过马旭的仔细了解，真的帮他找到了一个银行的朋友，弄到了一笔贷款，其实数额不大，却是雪中送炭，帮他渡过了难关。

因此事，布兰克成了马旭的好友，而且因为她销售的产品中有一些是洁具，于是他就主动帮她联系了为他的房子进行装修的公司，也让马旭从中获得了一笔大单。

回想起来，要不是布兰克主动跟马旭说出了他的困难，她又怎么好去问呢？如果马旭没有热情相待，又怎么可能赢得这份情意？

而另外一个故事则更具有传奇色彩：

一天夜里，已经很晚了，一对年老的夫妻走进一家旅馆，他们想要一个房间。前台侍者回答说："对不起，我们旅馆已经客满了，一间空房也没有剩下。"看着这对老人疲惫的神情，侍者又说："但是，让我来想想办法……"他不忍心深夜让这对老人出门另找住所。

于是好心的侍者将这对老人引领到一个房间，说："也许它不是最好的，但现在我只能做到这样了。"老人见眼前其实是一间整洁又干净的屋子，就愉快地住了下来。

第二天，当他们来到前台结账时，侍者却对他们说："不用了，因为我只不过是把自己的屋子借给你们住了一晚——祝你们旅途愉快！"原来如此。侍者自己一晚没睡，他就在前台值了一个通宵的夜班。两位老人十分感动。

没想到后来有一天，侍者接到了一封信函，聘请他去做另一份工作。原来，几个月前的那个深夜，他接待的是一个有着亿万资产的富翁和他的妻子。富翁为这个侍者买下了一座大酒店，深信他会经营管理好这座大酒店。这就是全球赫赫有名的希尔顿饭店首任经理的传奇故事。

这是一个典型的雪中送炭终有好报的故事，而其核心，是这个年轻人的热情，他真心地帮助一对年老而疲惫的夫妇，而没有计较账单。幸运的是他的真诚感动了这位富翁，所以他获得了巨大的回报。

面对处于困境中的潜力股，想拉近彼此的距离不必多花心思，热情坦诚的态度，就是最好的方式。我们身边有很多种朋友，一种朋友就是在我们繁盛时蜂拥而至，分享荣誉、快乐、华服、美食；有一种朋友不会时常和我们在一起，在我们最灿烂的时候身边没有他，但落寞时不离不弃的脚步一定属

于他。

纪伯伦说：“你的朋友是你的有回应的需求，他是你用爱播种，用感谢收获的田地，他是你的饮食，也是你的火炉，当他静默的时候，你的心仍要倾听他的心。”当然，朋友的真正含义并不是物质的索取，而是精神上的皈依，但朋友一定是在困难的时候肝胆相照的。在朋友需要帮助的时候雪中送炭，日后等你需要帮助之时，朋友也会不遗余力地帮助你。

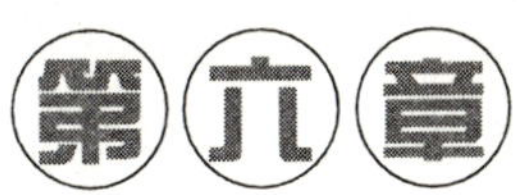

第六章 善恶分明，抵御不良诱惑

如今的社会，经济发展越来越迅速，物质生活也有了很大的提高，但是随之而来的是各种诱惑的升级，很多人为了一些物质上的享受，不惜做违法犯罪的事情，导致暴力事件屡见不鲜，犯罪呈现低龄化。青少年正处于人生奋斗的最初阶段，是把握美好前程的起点，但是这个阶段也会有很多的诱惑，而且青少年抵御诱惑的能力又比较弱，所以一定要把握好自己，抵御各种不良嗜好的诱惑，争取成为有理想、有文化、有目标的好青年。

用成熟的心辨别好坏

随着时间的飞逝，我们的社会在发展，进入了社会主义初级阶段，然而未成年人的犯罪率却节节攀升，这是什么原因造成的呢？未成年人是指还不满18岁的少男少女，他们的身心还没发育成熟，还无法完全辨别是非对错，抵御外界不良事物的能力还比较差，容易受到外界的诱惑，从而泥足深陷，容易受人教唆而犯下不可弥补的错误，这是未成年人犯罪率提高的主观方面的原因。客观方面的原因，国家的法律制度还不够完善，在很多方面都有漏洞，并且国家虽然制定了《未成年人保护法》，却没设立保障它实施的制度。因此，打击不法分子的力度还不够，令侵害未成年人利益的不法分子越来越猖狂，令未成年人处于一种危险的境地中，国家规定在学校100米以内不准开设网吧。但现在因为国家的打击力度不够，未成年人受到空前诱惑，纷纷投入网吧，沉溺于游戏，不只影响学习，毁了后半生，甚至犯下抢劫杀人的大错。

青少年还处于对社会认知的最初阶段，很多事情都还分辨不了是非，这需要我们时时小心，多了解社会的复杂，在处理问题上能够尽量用较成熟的心态分辨好坏。

一位农夫的家里有蛇，咬伤了小羊，农夫很着急，他准备了快刀，见蛇就要把它们砍死。蛇们都商量着怎么对付农夫的追杀，一条花面蛇大胆地说：“我去。”只见它围上一条纱巾，来到农夫面前，说：“我是那么温柔而美丽的蛇，我是多么可爱！”其实，花面蛇心里早有准备了，想趁农夫不注意的时候就冷不丁地咬他的小腿，让他中毒死去。农夫也有准备，他没有相信蛇的话，手握快刀把花面蛇杀死了。

这个故事告诉我们对于遇到的事情要像农夫一样认清是非，蛇既狡猾又狠毒，不能相信蛇的话。对坏蛋不能被其表面的善良所迷惑，一定要看清他们的真面目。

有这样一个故事：三个商人带着开采了10年的金子，越洋归国，不幸遇到了暴风雨。一个商人为了保住金子，而被大浪吞没；一个商人为了留下部分金子，最终与船同归于尽；最后一个商人则放弃了船上的金子，乘救生艇逃离了危险。后来他又带领船队，打捞出三条装金子的货船，拥有了三个人的财富。

这个故事告诉我们，要想取得成功，必须在任何事情面前懂得用成熟的心态辨别好坏，分清是非，知道什么是当下最该做的事，就像是故事里第三个商人，当船快要沉没的时候，他知道首先得保住自己的命，有了生命才有可能会拥有一切，而不是像其他两位商人，在突发事情前不会用成熟的心态分析状况。

青少年朋友，生活中当你受到诱惑，当你遇到困扰时，千万不可鲁莽行事，多冷静地想想，明辨是非，免得铸成大错，给自己留下终生遗憾。

15岁少年因沉迷上网不满父母劝阻，对父母产生怨恨，并残忍地杀害母亲，砍伤父亲。由此我们可以看出除了未成年人主观上的原因，社会环境也是一个很重要的原因。当今社会经济发展了，人民的生活水平提高了，但也有越来越多的不法分子不顾法律的约束，只想赚钱，昧着良心赚黑心钱。舞厅、网吧等一些本不应该让未成年人进入的地方，都为了赚钱，置法律于不顾，诱引未成年人进入。未成年人由于身心还未发育成熟，所以往往被不法分子所诱惑，踏上不归路。

最近审理的一个六人的团伙抢劫案，他们专门抢劫在公园散步的男女。其中有四个未成年人，有一个姓袁的被告人才刚满15岁，年龄最小，但是在抢劫中起的作用最大，别人还没动手，他拿把刀就首先冲上去，对着被害人就砍，完全不计后果，被他砍伤的被害人就有4个。看他在法庭上的一脸稚气，显得非常小，很难想象他为什么拿刀砍人那么无所谓。后来他父亲告诉我，说这孩子从小就是这样的性格，总是一副天不怕地不怕的样子。正是从小养成的冲动性格，毁了他的人生，使他不得不在监狱度过漫长的青春岁月。

对于我们青少年来说，相信上面的案例足以引起我们的思考，我们目前还没有能力处理好这一切，我们能做的就是管好自己，在各种诱惑面前分清是非，懂得自己该做什么事，不该做什么事，只有这样我们才能够保护好自己，做一个对自己负责的人，做一个合格有用的人。

不要加入吸烟的行列

吸烟危害健康是众所周知的，但不可忽视的是目前青少年吸烟的人数在逐年增加，而且开始吸烟的年龄越来越下降，6～8 岁的孩子就开始吸烟已屡见不鲜，开始吸烟年龄越小，吸烟的时间越长，无疑对健康影响越大，而且吸烟的孩子往往伴随其他的异常行为，有的甚至厌学、逃学、打架、斗殴，走向犯罪的道路，因此家长一定要重视孩子早期的行为教育，防止吸烟要从孩子抓起，特别是 5～7 岁是孩子道德形成和发展时期，做好防止吸烟教育，让孩子从小意识到吸烟是一种不良的行为，吸烟危害健康，对青少年来说，危害性就更大了。青少年热衷于吸烟，首先是因为他们很容易买到烟，当前我们国家的法律还不够健全，并且各种商贩受到利益的驱使，实际上默许了青少年的抽烟行为；还有就是很多青少年受周围环境的影响，认为别人都抽了自己不抽就不成熟，他们早早地就加入了吸烟的行列。

吸烟对人的健康有一定危害，医学专家的研究报告说，青少年正处在生长发育时期，各生理系统、器官都尚未成熟，其对外界环境的有害因素的抵抗力较成人弱，易于吸收毒物，损害身体的正常生长。据美国 25 个州的调查，吸烟开始年龄与肺癌死亡率呈负相关，若将不吸烟者肺癌死亡率定为 1%时，15～19 岁开始吸烟者为 19.68%，20～24 岁为 10.08%，25 岁以上为 4.08%。说明开始吸烟年龄越早，肺癌发生率与死亡率越高。平均来看，若吸烟者从青少年时开始吸烟，并持续下去，就会有 50%的机会死于与烟草相关的疾病。其中半数将死于中年，或 70 岁之前，损失大约 22 年的正常期望寿命。由于长期吸烟，从青年时期开始的任何年龄段的吸烟者都比不吸烟者的死亡率高约 3 倍。

还说，吸烟损害大脑，使智力受到影响。在烟草的烟气中，一氧化碳含

量很高。一氧化碳吸入人体后，与血液中的血红蛋白结合成碳氧血红蛋白，使血红蛋白不能正常地与氧结合成氧合血红蛋白，因而失去携氧的功能。由于人的大脑对氧的需要量大，对缺氧十分敏感，因此吸多了烟就会感到精力不集中，甚至出现头痛、头昏现象。久之，大脑就会受到损害，使思维变得迟钝。这样，必然会影响学习和工作，使学生的学习成绩下降。

对未成年人来讲，烟草中的尼古丁是一种神经毒素，主要侵害人的神经系统。一些青少年在主观上感觉吸烟可以解除疲劳、振作精神等，这是神经系统的一次性兴奋。实际上尼古丁引起的欣快感是短暂的，兴奋后的神经系统出现抑制。所以，吸烟后神经肌肉反应的灵敏度和精确度均下降。国外一心理研究机构的一项研究结果表明，吸烟者的智力比不吸烟者降低。

比尤利等人调查了英国两个地区 14033 个 10～12 岁半的孩子呼吸道症状流行情况与吸烟的关系，结果是吸烟的男孩与不吸烟的相比，早晨咳嗽的是 17.4%对 6.4%，白天和夜间咳嗽的是 41.4%对 20.5%，连续咳嗽 3 个月的是 14.5%对 4.8%。

一份医学报告说，吸烟易使青少年感染致病细菌，吸烟者感染脑膜炎、毒血症、肺炎和耳病的概率比不吸烟者高 4 倍多。专家们说，吸烟越多，感染这些病菌的可能性越大。美国每年有 50 万人因感染这种病菌而患病，每年有 4 万多人死亡，这种病菌也是造成儿童死亡的原因之一。

吸烟导致的青少年弱视称为“烟草中毒性弱视”。其主要表现一是视力障碍：视物不清，戴眼镜也难以矫正，随着视力减退逐渐加重，到一定时期，连视力表上 0.1 也看不清楚；二是视野改变：早期视野中间出现一团哑铃形或圆形黑影，后期视野缩小，视物时四周模糊不清；三是色觉导常：尤其是辨不清红、绿颜色；四是畏光：在强光下视物反而不清楚。烟草中毒性弱视病情发展比较缓慢，很容易被人们忽视，晚期严重时可能造成失明。

上面的数据应足够引起你的重视，作为青少年，我们应该珍惜自己的身体，珍惜自己的年华，千万不要加入吸烟的行列。

别把恶习当好习惯效仿

世界上之所以有成功的人和不成功的人，是因为他们的习惯不同。成功的人之所以成功，是因为他们有成功的习惯；而失败的人之所以失败，是因为他们的习惯不好。

每个人都有习惯，比如很多青少年总是喜欢在坐车的时间看书，结果害得清瘦的脸上总得架着眼镜；还有的人喜欢无论走到哪里肩上总背着包，包里装的全是各式各样的书本，有很多估计都不需要用，造成了直接的结果就是总是肩膀痛，颈椎痛。

青少年的坏习惯，有时候是为出风头，显示自己的“能耐”，倒不是为了别的其他目的。比如说打架；有的时候就是为了单纯地模仿那些从小人书里看到的“绿林好汉”，从电影里看到的“占山为王”，从他父亲那里学来的“拳头加棍棒”的英雄气概。有很多男孩子，最早崇拜的英雄是他的父亲。

小铭今年读技校，不仅迷恋上网，还经常和同学一起抽烟、喝酒，有一次，他邀几个同学到家里来玩，偷喝了家里珍藏的 6 瓶酒。父亲责问他，你身为学生会主席为何还要抽烟喝酒？这不是在同学中带了坏头吗？儿子的回答是：恰恰相反，抽烟正是为了搞好同学关系，你不抽就会与同学关系疏远。

随着独立意识的增强，一些青少年喜欢模仿成人社交，视一些不良习气为成熟。如不少青少年明知吸烟有害健康，但还是不惜代价亲身体验。心理学家认为，这主要受一些不成熟心态的影响。首先是好奇模仿心理。刚刚步入青春期的少年，往往在心理上产生成人感，对各种事物充满好奇，凡事都想试一试。不少青少年在这种心理驱使下，把吸不吸烟当做是否成熟的标志，开始模仿成人吸烟。

另外，虚荣心理作怪。一些青少年崇拜影视剧中明星的吸烟镜头，误认

为吸烟时髦、潇洒，盲目追求、模仿。有一些人出于交往心理，有时为了办事顺利，联络感情，以烟引路，此风对青少年影响明显。

还有些孩子涉世不深，社会经验不足，难免遭受各种挫折，出现心理失衡，此时往往以烟解愁。

一些青少年错误地认为抽烟能提神、消除疲劳，有利于脑力劳动，因而在学习紧张或思考难题时借助吸烟提高学习效率。

青少年的一些恶习让很多家长和老师深感忧虑。

某市李女士昨日告诉记者，近来，刚上初一的女儿口中竟然冒出不少脏话。再三询问之下才知道，小姑娘一个月前上了一家语音聊天室，跟着网友学会了不少脏话。正教小学五年级的林老师也告诉记者，近来她班上不少学生也常常口出秽言，经了解都是在一些网上语音聊天室学来的。

记者走访筑城一些网吧发现，网民用语音聊天工具在网吧里破口大骂的情况十分普遍。不少聊天室明文规定不能使用侮辱性的语言，但由于一些网民对网骂“兴趣盎然”，为了保持聊天室的人气，版主也就“睁一只眼，闭一只眼”。这就使得一些青少年也跟风耍酷，沾染上了说脏话的不良习气。

此外，像旷课、夜不归宿、酗酒、赌博、看黄色书刊及音像制品……在青少年中也都是经常存在的问题，如果不及时矫治的话，就会走向犯罪的道路。

一个同学拿着西瓜刀来到学校，他对同桌炫耀，并声称防身用，正在这时他发现，前面的同学老往后挤，他让其别挤了，而前面的同学不答应，他恼羞成怒，顺手拿起刀子就向其捅去……

勿以恶小而为之，勿以善小而不为，作为青少年应该树立正确的道德行为规范，别让恶习染青春！

酒友交不得

现在很多青少年由于受到家长和周围环境的影响已经学会喝酒了，很多人甚至还在社会上结交了很多的酒友。可以很明确地说，酒友交不得，他们是你求学路上的障碍，必须要牢记，慎交朋友。下面的两个案例，青少年朋友们应引以为戒。

刘杜是一个小混混，喜欢结交各式各样的朋友，时间长了，大家也经常在一起喝酒找乐，一次喝醉酒，他因为一点小事打伤了对方，可惜的是平日里和他称兄道弟的朋友在警察来之前全都溜得不见踪影了。因为打伤了别人，他必须要为对方交所有的医药费，对于他一个普通的小混混来说可是一笔不小的数目，因为这事他一直得不到家人的原谅，手上的钱也快用完了。于是他想起了给朋友们一个个打电话，希望他们能帮助一下他，可对方不是找借口推辞，就是根本不见他的面。他说："我以前有钱时，常请他们吃饭喝酒，想不到，我有难时，他们竟然这样对我。"

刘杜称，这件事让他一下子成熟和长大了很多，他现在正在找工作，首先让自己安定独立起来，然后再和家人慢慢沟通，争取早日回家。

灌醉朋友后实施盗窃的被告人杨力和应涛分别被判处有期徒刑 9 个月，宣告缓刑一年，并各处罚金。尽管得到了被害朋友谢某的谅解，但二人无颜再见朋友。

今年 20 岁出头的杨力、应涛和谢某均系漯河市郾城区黑龙潭乡同村人，虽然三人经常吃喝玩耍，但各怀心态，本分实在的谢某始终把二人当朋友看。2008 年 6 月 13 日晚，三人在应涛家喝完酒后，由于谢某的父母均在村外养猪场住，醉醺醺的谢某便领二人回家，凌晨 3 时许，杨力、应涛趁谢明熟睡之际，将谢明家小麦盗走 8 袋，玉米盗走 6 袋，价值 1379 元。二人得手后，

见谢某并无察觉，二人更加胆大。第三天晚上，杨力、应涛伙同应某（另案处理）预谋盗窃谢某家小麦后，三人便约谢某往市区丁湾喝酒，故意将谢某灌醉，送往一旅社。凌晨1时许，趁谢某熟睡之际，二人拿走谢某随身所带家中钥匙，盗走谢某家小麦10袋，价值1040元。盗后销赃得款2人再次分肥。案发后，杨力、应涛的父母急忙拿钱退赔谢某家。

法院认为，被告人杨力、应涛以非法占有为目的，秘密窃取他人财物，价值数额较大，其行为已构成盗窃罪。鉴于被告人杨力、应涛均认罪态度较好，有悔罪之意，其家属积极退赃，均酌情予以从轻处罚。

当然，经常在一起吃喝的朋友不一定就是酒肉朋友，在饭桌上谈人生，谈理想。虽不见得深刻，但总会有些感悟的。我的几位哥们是经常聚会的，因为心情好的时候，想见的是他们，一起叽里呱啦，谈笑风生；心烦的时候，也想见他们，因为有人可以对你谆谆教诲，有人帮你分析利弊，甚至连牢骚都有人乐于听你发，谈笑间快乐彼此分享，讥讽间烦恼如过眼云烟，一通神聊后心情很好。我们正是彼此的好朋友。

酒肉朋友的真正含义是在一起仅是吃喝玩乐，根本不谈人生、理想、进取，更不用说互相关心，分担忧愁了；是在一起为花钱找理由，只为取乐开心的朋友，穷极无聊之时一同打发时间就是了。

交友的快乐源于内心，“君子之交淡如水”也有相对于“腻”的意思，是讲作为朋友应掌握的距离，现在社会，在一起聚一下，消费几次也不一定就定性为酒肉朋友。但是绝对不要与友酗酒。

酗酒是未成年人犯罪的促发因素。去年暑假时，某中学三名职业高中男生在一起玩耍，又找了一家小饭馆吃饭喝酒。等吃完晚饭已经夜里11点多，没有公共汽车了，可他们身上的钱又不够打出租车的。怎么办呢？借着酒精的作用，有人提议：“干脆截辆出租车回家，不给司机钱。”其余两人随声附和，还提出可以跟司机“要点儿钱”。于是三人打了一辆出租车到僻静处，抢了司机的400元钱。却被巡警发现，三人当场被抓。据调查，在未成年人犯罪中，近30%的群殴、抢劫都与酗酒有关，很多未成年人在犯罪之前还喝酒壮胆。另外，近50%的未成年人犯罪，是酒精直接诱发的。

酒友交不得，我们应该好好地把握自己，多交那些对自己有益的朋友。

限制你对毒品的好奇心

青少年是国家的未来，民族的希望。青少年时期是人的一生中最重要，也是最危险的时期。由于青少年正处于生理、心理从不成熟步向成熟的发展时期，好奇心与模仿性很强，而自制力和分辨力较差，加上在禁毒教育方面又存在严重的不足，因而，毒品犯罪分子就往往将青少年作为拉下水的主要目标，甚至，在一些地方，毒“手”已悄悄伸向了校园，伸向了中小学生。

据统计，全国现有登记在册的吸毒人员中，35 岁以下的青少年占三分之二以上，其中，绝大部分青少年是在不了解毒品的危害性的情况下染上毒瘾的。所以，把青少年列为毒品教育重点对象是开展毒品预防教育工作的重要环节，是遏制新吸毒人员滋生的关键。

毒品问题是当今社会面临的一个严重的社会问题。受国际毒瘤的影响，20 世纪 70 年代末、80 年代初，毒品问题在我国死灰复燃，逐步蔓延、发展，成为社会一大毒瘤，这几年有关毒品犯罪的统计资料显示，青少年参与毒品犯罪和吸食毒品的人数逐年呈上升趋势，毒品已严重威胁到广大青少年学生身心的健康成长。一些青少年学生由于对毒品缺乏足够的认识和了解，抵制不住毒品的诱惑，坠入吸毒深渊，不仅毁掉了青春、毁掉了前途，有的还失去了生命。这里我们要通过毒品常识及其危害的介绍使广大青少年朋友提高对毒品的防范意识，以便在现实生活中自觉、主动地拒绝毒品。

日前，前国门江洪自曝吸毒事件让各界极为关注，作为足球圈迄今为止第一位，也是唯一一位公开承认吸毒的前球员，江洪对此非常坦然。在接受媒体采访时，江洪表示，自己作为一个 40 岁的人，有独自处理问题的能力，自己曾经做过什么事就要承认，想到了也就写出来了。

已经退役的江洪一直在西安经营着自己的酒吧，生活很低调，也很安静，

但是由于在自己的博客中公开承认了曾经吸毒，已经很久没有曝光的江洪再次成为公众人物。“我早就不玩毒品了，虽然我以前玩过冰毒和摇头丸，但是自从我下决心不再玩到现在一直没碰过这些东西。”虽然戒毒在很多人看来都是异常艰难，但是江洪在谈到这儿的时候眼神里充满了真诚。

江洪表示，自己现在到底还“玩不玩”毒品不是问题，因为有上帝在监督他，监督他的戒毒表现。而作为足球圈中公开承认吸毒的第一人，自己是否要为了清理“垃圾”做出努力呢？江洪没有给出确切的答案，他只是淡淡地表示：“足球圈是有很多人瘾君子，但是我没有权力干涉他们，只是告诫其他人不要玩毒品而已，我只是做了我自己该做的。”

好奇心是人类的一种天性，尤其是青少年这种天性更为突出，有的人自控能力差，往往在好奇心的驱使下，自觉或不自觉地进行违法违纪活动。一些涉世不深的青少年看到周围的人，如朋友、家人或者其他人吸毒便会产生一种好奇心，总想亲自体验一下，尝试两口玩玩。不知不觉地上瘾而误入歧途。在吸毒人员中，有相当一部分是出于好奇，偶尔吸食几口而上瘾的。由此证明，好奇心理是青少年吸毒的一个非常突出的原因。

毒品有毒，已不是鲜为人知，但毒在哪里，对人体究竟有多大危害，知道的人就不多了。有的还认为吸毒可以解愁取乐、潇洒人生，有的说毒品没有多大害处，要说有害就是价钱太贵了。由于他们对毒品的有害性认识不清，在思想上毫无抵制能力从而放纵自己，最后染上吸毒恶习。由于毒品具有较强的镇痛、抑制和催眠等麻醉和致幻作用，导致了许多人误认为毒品是治病的良药，甚至可以包治百病。因此，一些动过手术或患有慢性顽症的病人，为缓解症状、减轻痛苦而服用毒品成瘾。结果是前门驱狼，后门迎虎，落得人财两空。

一些吸毒人员，尤其是毒贩子因牟取暴利的需要，极力引诱、哄骗和教唆他人吸食毒品。他们采取的主要手段是：吹嘘毒品的好处，哄骗吸毒者上钩；不惜“血本”，向他人无偿提供、赠送毒品诱人上钩，只要被引诱者成了瘾，主动要吸或不得不吸时，他们便以高于原价几倍的价钱向吸食者出售，以几十倍、几百倍的疯狂来榨取钱财。

一个人的成长道路，不会只有阳光坦途，还会有磨难和挫折。青少年如不具备良好的心理素质和自我调节、排解的能力，就会处处面临困境，丧失

对生活的信心。加之受不良环境的影响，就有可能借助毒品寻求一种暂时的解脱和情感满足。因此，青少年应该限制自己对毒品的好奇心，从培养自己正确的人生观、价值观，提高自身心理素质着手，增强抵御毒品的诱惑的能力和自觉性。从小树立明确的学习目的，努力学习科学文化知识，培养劳动技能，积极参加各种有益的文体活动，利用一切机会充实和提高自己，全面发展，为美好的人生打下基础。

有了远大的理想青少年就不会觉得学习是一种痛苦，而是把它当成一种乐趣，就会抓紧时间，拼命学习或工作；不会觉得生活空虚无聊，反而会觉得日月如梭。在远大的理想的刺激下，会觉得自己有好多好多事要做，根本没有多余的精力与兴趣去沾染包括吸毒在内的不良习气。

有了远大理想的人，他们会珍惜光阴，珍惜美好年华，不会因虚度光阴而悔恨，不会因误入歧途而颓废，也就能够拥有充实而有意义的人生。

吸烟不是成熟的表现

青少年吸烟已经成为一个不可小看的社会问题。据有关部门对我国519600人进行抽样调查，发现在成年男子吸烟者中，有75.6%的人是在15岁至24岁之间开始吸烟的，青少年的吸烟率平均在20%左右。也就是说，五个青少年中就有一人在吸烟，这样的数字可谓触目惊心。吸烟危害人的健康已为人们所共识，对青少年来说，危害性就更大。

青少年吸烟的危害比成年人要大。因为青少年正处在身体迅速成长发育的阶段，身体的各器官系统还没有发育成熟，比较稚嫩和敏感，抵抗力不强，而且对各种有毒物质的吸收比成年人要容易，所以中毒更深。青少年吸烟还可能导致早衰、早亡以及影响下一代的发育。

吸烟对心理功能有害无益。长期吸烟会导致注意力和稳定性有一定程度的下降，同时还会降低人的智力水平、学习效率和工作效率。青少年吸烟成瘾，可能引起思维过程的严重退化和智力功能的损伤，严重的会导致思维中断和记忆障碍。吸烟对青少年的智力、个性、心理品质、学业等都很有害。

既然吸烟有许多危害，为什么吸烟的青少年人数却逐年增加？调查表明，开始吸烟原因以好奇心、模仿、交际需要为理由的最高，其他为解闷、提神、显示自已成熟等。而在影响吸烟行为形成的危险因素中，主要有以下几种：

标新立异心理：中学生随着生理、心理的发展，自我意识不断显现，表现欲逐步增强，时刻想以“新”、“异”来吸引别人，而吸烟恰好能满足这一心理。

时髦心理：认为吸烟是一种时髦，不吸烟就会落伍，只有加入吸烟队伍，才能赶上“时代潮流”。

好奇心理：青少年好奇心强，许多事情都想试一试，体验一下。见别人

吞云吐雾的悠然自在样，自己也想体验一下“饭后吸支烟，赛过活神仙”的味道。

模仿心理：青少年模仿心理强，见影视剧中正面人物在思考问题、拟订作战计划、制定侦破方案时都在抽烟。自己在模仿抽烟时，心理上使自以为自己也是“英雄人物”。

社交心理：“烟酒不分家”、“烟酒铺路”的现象影响着青少年，使他们认为“现在吸烟，是为将来社交作准备”。

环境心理：近朱者赤，近墨者黑。长期与吸烟者接触交往，自己不吸岂不“寒酸”？老是抽“伸手牌”香烟，岂不小气？只有自己也吸烟，才能体现出彼此“有数”、“有交情”，才能获得对方信任，才会有“共同语言”。于是你来我往，学会了吸烟。

反抗心理：青少年自我意识强，又处于反抗时期，对家长、老师的训斥不敢当面顶撞，心理抵触无处发泄，情绪委屈无处发泄，便用吸烟来作为一种抗拒手段。

侥幸心理：虽然知道吸烟可致癌，可许多青少年认为“爸爸、爷爷吸了几十年烟也没得癌，我岂会得！”

将烟作为“工具”：有些青少年认为两手空空没事，就吸支烟解无聊，手指夹支烟，感到时髦，有男子汉的气派风度。上厕所吸烟，是为解“臭气”；考试前吸烟是借助吸烟来“开夜车”、“兴奋提神”、“活跃思维”。

许多中学生吸烟是为了自我显示，表示自己具有真正男子汉的成熟形象，很有风度。其实，这种思想是完全错误的，青少年吸烟不仅不代表成熟，还有损于中学生的纯真形象。吸烟只能让他人对你产生厌恶感，认为你是不良少年。

如果你的同学抽烟，受他的影响你已染上了烟瘾，这时候你最好远离他，自己坚定戒烟意志，及早甩掉烟对你的危害。

其实吸烟并不是成熟的表现，它反而可以反映出你心理的不成熟，没有人真正地喜欢和这样的人交朋友的。真正成熟的青少年，应该是乐于学习并阳光健康的，青少年朋友们一定要认清这一点。

别让“哥们义气”毁了你

时下，不少年轻人十分崇尚哥们义气：“你看得起兄弟，兄弟就是你的铁哥们”，就和你“有难同当，有福同享”，在任何时候、任何情况下，都愿意“为朋友两肋插刀”；你帮我教训了一个“冤家对头”，我也替你给“仇人”放血；“谁敢打我家哥们，老子就要谁的命”……

哥们义气不是义气。义气者，刚正之气、正义之气也，它是人与人之间的道德关系。一百单八将聚义梁山，劫富济贫，匡扶正义，为天下的老百姓出了一口恶气，是何等的酣畅淋漓？可以说，一部《水浒》，就是一部“正义传”。刘胡兰为了保全同志们的生命和乡亲们的安全，直面敌人的铡刀，视死如归，连刽子手都不寒而栗，又是何等的正气凛然？而哥们义气就大相径庭了。它不讲原则，藐视法规，助纣为虐，不分是非，互相包庇，只有一味地盲目、盲从。为了哥儿弟兄，哪怕去杀人放火，也“脸不变色心不跳”，被绳之以法，还“撞到南墙不回头”，就是犯罪当死，照样“死心塌地”，叫嚷“二十年后又是一条好汉”。讲哥们义气的人，总要为报恩或报仇干法律不容的出格事，进而付出沉重的代价。可见，哥们义气并不义气，而是流氓气、无赖气、地痞气和混世魔王气，没有一点点正义之气！

哥们义气亦非志同道合。志同道合者，志向相同，意见相合者也。刘备、关羽、张飞桃园三结义，协力同心，打出了“三分天下有其一”，是何等的波澜壮阔？我国的科学家们，不讲享受，不计报酬，默默攻关，自力更生，研制出了“两星一弹”，又是何等的动人心弦？他们是为国家的强盛，为人民的幸福而志趣相投，目标一致，走到一起来的。而哥们义气者，则不分是非地纠集在一起，用牺牲国家利益和人民利益的利己之气、狭隘之气，不惜违法犯罪地“吃黑饭保黑主”，干下害人害己害社会的勾当。他们干的，没有一丝

一毫为国家、为人民的成分，又有什么志同道合可言？这分明是一帮臭味相投的亡命之徒、害群之马！

哥们义气是义气的畸形怪胎，是动乱的源头，是社会的肿瘤，是吞人的陷阱。让哥们义气肆意横行，歪风邪气就会猖獗，歪门邪道就会横行，正义之气就会烟灭。让哥们义气大行其道，就没了人民的福气，就少了社会的和气。因此，法律不承认哥们义气，人民不需要哥们义气，社会不容忍哥们义气。让我们一起来围剿哥们义气，铲除它生存的土壤吧！

哥们义气与友谊是不同的，青少年渴望友谊，但是千万不可误把“哥们义气”当做友谊。友谊应该是人与人之间的一种真挚的情感，是一种高尚情操，友谊使你赢得朋友。当遇到困难和危险时，朋友会无私帮助；如果有了烦恼和苦闷时，可以向朋友倾诉。而“哥们义气”源于江湖义气，会为“哥们”私利而不分是非，不讲原则。他们以“哥们”相称，以“义气”相标榜，只讲“哥们”，常常干出一些蠢事，甚至不惜坠入犯罪的深渊。诚然，友谊需要互相理解和帮助，需要义气，但这种义气是要讲原则的。如果不辨是非地“为朋友两肋插刀，甚至不顾后果，不负责任地迎合朋友的不正当需要，这不是真正有友谊，也够不上真正的义气。”

现在，在校园中，很多同学，特别是男同学，常常以为自己有几个“铁哥们儿”，而引以为荣，他们也会为了“铁哥们儿”而讲所谓的义气。你们知道吗？这种“铁哥们儿”真的那么好吗？其实，这种“哥们儿义气”实际上是一种基于无知和盲从、情感无基础的冲动，是一种非理智的行为，特别是它还往往带有类似旧社会的行帮气息，是与现代文明社会格格不入的，是根本不相容的。而会人难过的是，有些同学为了“哥们儿义气”却不惜违反校规、校纪，严重地甚至是违法犯罪，这些做法不但是不可取的，也是我们要提醒同学们的，要坚决改掉的落后的观念，也可以说是错误的观念。友谊是建立在互相理解和互相帮助的基础之上的，也需要义气。但是，这种义气是讲原则的，是建立在维护集体利益基础之上的。如果不辨是非地“为朋友两肋插刀”，甚至不顾后果，不负责任地去迎合朋友的不正当的要求，这不是真正的朋友，更谈不上真正的义气，到头来，只是害人害己。

比如，现在有些孩子瞒着家长，讲所谓的“哥们儿义气”，从家里偷出一包烟送给我，明天我就再偷偷地请你吃顿饭；早上你帮助我教训了一个“冤

家对头”，晚上我就替你给“仇人送上棍棒”；上次考试你冒着风险，为我传字条，下次你旷课，我就竭力为你遮掩，等等。像这些不讲原则、藐视校规校纪、互相包庇，甚至成群结伙地打仗斗殴的所谓的讲“哥们儿义气”，对同学们的成长是极其不利的，因此我们坚决反对青少年朋友们讲这种无原则的“哥们儿义气”，青少年朋友们要切记切记。

臭味相投不是社交的手段

一个人生活在社会上，不能没有朋友，重要的是选择什么样的人做朋友。青少年交上好的朋友，有利于自己学习进步和个人身心全面发展，一生受益无穷。一旦交上了坏朋友，则会影响自己的学习，阻碍个人进步，产生负面影响，造成人格扭曲或者会不知不觉地跟着走上违法犯罪道路。因此，在交友时，青少年需慎重选择。

青少年们都希望能与同学交往，与社会同龄人往来，渴望相互间的友谊，增添课外及社会生活的乐趣。然而，由于青少年生理年龄、心理年龄尚未成熟，缺乏生活经验和辨别是非的能力，也容易交友不慎，误入歧途。

小冰是个好孩子，后因家中父母离异，他的心情变得越来越压抑，学习成绩一天天下降。一天放学后，小冰不想回家，在街上游荡，认识了两个比他大两岁的无心上学，也在街上游荡的“朋友”，此后一段时间，小冰觉得跟他玩好开心。于是，他们相约玩耍，经常旷课，有时甚至彻夜上网，夜不归宿，渐渐成了臭味相投的好友。后来，他们结伙去偷窃，结果被公安机关抓获，受到法律的惩处。

有少数青少年因缺乏家庭的积极影响，致使学习成绩下降。他的思想负担沉重，感情上需要得到精神安慰和补偿。如果得到老师、同学的及时指导和帮助，也许会改变，像小冰那样，开始只是想寻找同情他的人作为感情依托，后来他与一些品行不端正的人搞在一起，自然就受到不良影响，致使他走上了犯罪道路。

一个叫小亮的学生，一次在放学的路上，给一群大孩子拦住了去路，他们向小亮要钱，小亮没有钱，结果给他们打了一顿。第二天小亮把这事告诉“哥们儿”，他们二话没说，下午放学后在小亮遭殴打的地方等待那帮人，“朋

友们”见人来了一哄而上，为小亮出了气。经过这件事小亮认为那些朋友对他好。于是与他们接触更多，经常和他们一起吃喝胡闹，常常不去上学。后来，他在哥们的引诱、鼓动下，为了义气、为了显示自己的本领，竟走上了盗窃犯罪的道路。

一个青少年交上了一帮臭味相投的朋友后，并不觉得自己犯的错误严重，反而觉得自己是真心地对待朋友，自己为他们相助是值得的，至于那些“朋友”，同样认识不到自己行为的错误，反而认为交朋友就要讲义气，能够帮着打架是够朋友的，好样的。错误的认识，导致哥儿们一起走入歧途。他们如果不很好地接受父母的教育，不接受老师们的教导，如果不很好地改过自新，讳疾忌医，就会旧病复发，在错误的道路上越走越远。

据调查，近年来，青少年团伙犯罪明显增加。一方面，是由于未成年人的乐群性、模仿性、相互感染性，很容易形成团伙；另一方面，结交朋友不慎也是导致团伙犯罪的因素。在查获的未成年人犯罪案件中，大约有80%是团伙作案。这充分证明了“近墨者黑'”的道理。事实上，许多未成年人违法犯罪，其原因都可以追溯到最初的某些不良社会交往。

未成年人的不良交往主要是指未成年人与某些社会不良分子的交往，它对青少年健康成长构成极大威胁。这是因为：第一，未成年人辨别是非和控制自己行为的能力不强，这就决定了他们对于某些社会交往的性质常常难以把握，从而在不知不觉间受到不良社会成员的影响和控制。第二，未成年人的好奇心和模仿能力很强。孩子很容易在不辨是非的情况下，单纯凭着强烈的好奇心去模仿。从而沾染一些不良的习气。第三，未成年人解决问题的能力不强。当孩子一旦陷入不良的社会交往之中，往往缺乏自救能力，只能在不良社会人员的控制之下，越陷越深，难以自拔。第四，许多犯罪分子往往利用孩子的上述弱点，进行犯罪活动。有些犯罪分子常常是有预谋地结交一些不谙世事的孩子，先用一点小恩小惠或其他手段骗取孩子的信任，然后再将他们一步步引向违法犯罪的深渊。

青少年所结交的不良人员，大部分都是在所谓“哥们义气”、臭味相投的基础上结成的从事不良活动的小团伙，这种不良交往的特点往往是几个脾气相投的未成年人在玩耍的过程中走到一起的。有些不良习气的孩子聚在一起往往会交叉感染，若不及时加以制止，他们常常会由一般的小偷小摸等行为

发展到违法犯罪。

青少年朋友希望与人交往、渴望友谊是很正常的，但应明白，臭味相投不是社交的手段，一定要慎重选择你的朋友。首先要选择有理想、有抱负、求上进、守纪律的孩子做朋友，其次要选择正直、善良、心胸开阔、品德高尚的孩子做朋友，再次要选择兴趣广泛、志趣相投、博学多闻的孩子做朋友。在健康进取的朋友圈中，会促使你健康向上，不断进步。

第七章

克服缺点，做最好的自己

人之所以成为万物之首，是因为我们知道自己的缺点，并且大多数人都有改正的愿望，我们希望自己可以做到最好，发挥自己所有的潜力。对于成长过程中的这些缺点，有的人改得及时，而有的人等到他发现的时候，缺点已经定型了，需要很大的毅力才能改掉，缺点发现得越早，改得越及时，你就越有潜力。所以，我们需要及时克服缺点，做最好的自己。

你还年轻，不要唉声叹气

有人曾经做过这样一个实验：他往一只玻璃杯里放进一只跳蚤，发现跳蚤立即轻易地跳了出来。再重复几遍，结果还是一样。根据测试，跳蚤跳的高度一般可达它身体的400倍左右，所以说跳蚤可以称得上是动物界的跳高冠军。接下来实验者再把这只跳蚤放进杯子里，不过这次是立即同时在杯子上加一个玻璃盖，“嘣”的一声，跳蚤重重地撞在玻璃盖上。跳蚤十分困惑，但是它不会停下来，因为跳蚤的生活方式就是“跳”。一次次被撞，跳蚤开始变得聪明起来了，它开始根据盖子的高度来调整自己所跳的高度。再一阵子以后呢，发现这只跳蚤再也没有撞击到这个盖子，而是在盖子下面自由地跳动。一天后，实验者开始把这个盖子轻轻拿掉，跳蚤不知道盖子已经去掉了，它还是在原来的这个高度继续地跳。三天以后，他发现这只跳蚤还在那里跳。一周以后发现，这只可怜的跳蚤还在这只玻璃杯里不停地跳着，其实它已经无法跳出这只玻璃杯了。

现实生活中，是否有许多人也过着这样的“跳蚤人生”呢？年轻时意气风发，屡次尝试成功，但是往往事与愿违，屡次失败以后，他们便开始不是抱怨这个世界的不公平，就是怀疑自己的能力，他们不是不惜一切代价去追求成功，而是一再地降低成功的标准，即使原有的一切限制已取消。就像刚才的“玻璃盖”虽然被取掉，但他们早已经被撞怕了，不敢再跳，或者已习惯了，不想再跳了。人们往往因为害怕去追求成功，而甘愿忍受失败者的生活。难道跳蚤真的不能跳出这只杯子吗？绝对不是。只是它的心里已经默认了这只杯子的高度是自己无法逾越的。让这只跳蚤再次跳出这只玻璃杯的方法十分简单，只需拿一根小棒子突然重重地敲一下杯子，或者拿一盏酒精灯在杯底加热，当跳蚤热得受不了的时候，它就会“嘣”的一下，跳出去。人

有些时候也是这样。很多人不敢去追求成功，不是追求不到成功，而是因为他们的心里也默认了一个“高度”，这个高度常常暗示自己的潜意识：成功不是可能的，这是没有办法做到的。“心理高度”是人无法取得伟大成就的根本原因之一。要不要跳？能不能跳过这个高度？我能不能成功？能有多大的成功？这一切问题的答案，并不需要等到事实结果的出现，而只要看看一开始每个人对这些问题是如何思考的，就已经知道答案了。不要自我设限，每天都大声地告诉自己：我是最棒的，我一定会成功！

谁不想自己能时时如意，事事随心，谁不想做一个战无不胜、攻无不克的常胜将军？然而，失败是不因惧怕而消逝的客观存在，是只要有成功就无法甩开的实实在在。

年少时，大人告诫我们，凡事只问耕耘，不问收获。心想，不问收获，那耕耘到底意义何在？老师曾勉励我们：只要努力了，即使失败了也是英雄。可怎么也难明白，失败了怎么能当英雄？

事实上，面对父母老师的殷殷期望，面对同学同事的关注眼光，谁都想马到成功，独占鳌头，谁都想步步高升，事随心想。而升学的失败，就业的失败，事业的失败，爱情的失败却时时处处伴随着每一个人，走过精彩而艰辛的旅程。

为此，有人信念不变，矢志不移，始终豪情满怀，壮怀激烈。而有人却从此一蹶不振，意志消沉，丧失了奋斗的勇气和生活的信心，丧失了理智的思考和成功的机会，万念俱灰，自暴自弃，放任自流，甚至自寻短见。

其实，很多青年人在失败后忘记了一点，那就是——自己还年轻，还有时间有机会获得成功。记得有句广告词说得好：“年轻没有什么不可以。”既然没有什么不可以，那失败又算得了什么？只要能从年轻不言败的误解中走出，从凡事只许成不许败的死胡同中走出，认真总结经验教训，审时度势，重新定位，坚信年轻不怕失败，即使失败了，也没有什么，爬起来，拍拍尘土，面带微笑，重新振作，继续前进，你一定会迎娶一片生命的晴空，晴空中，你依然潇洒自如，依然楚楚动人，依然光华四射！

正如台湾著名作家刘墉《跳楼指数》一文中写的：“当你在人生的赌场已经绝望，打算离场的时候，注意，正有人兴致勃勃地打算入场。只要你再坚持一刻，成功就是你的！”

是啊！只要你再坚持一刻，成功就是你的。可现实中，很多人就是做不到这一点，因为他们看不到自己年轻的优势，对年轻的自己信心不足认识不够。因为他们只看到成功者头顶的光环，脸上的荣耀，世人的艳羡，而看不到他们奋斗时的百折不挠，失败后的痛苦煎熬。

“我们必须有恒心，尤其要有自信心！我们必须相信我们的天赋是要用来做某种事情的，无论代价多大，这种事情必须做到。”我们应听听居里夫人的劝诫，更应牢记哥尔斯密的谆谆教诲：“最大的光荣不在于不跌倒，而在于每次跌倒后都爬起来。”

作为青少年，面对纷繁复杂的现实社会，应当努力使自己的理想和事业贴近实际，贴近生活，只要我们做到了这一点，就一定会大有作为。因为我们还年轻，年轻就不能惧怕失败。

谦虚不等于妄自菲薄

孔子谈谦虚，在《论语》中是屡见不鲜的。他的弟子子路性格直率，过于鲁莽，很多时候也表现得不够谦虚，孔子常常批评或教训他。

有一次，子路、曾皙、冉有、公西华四个人陪孔子闲坐，孔子说："你们平时总是说：'没有人知道我呀！'假如有人知道了你们，你们打算怎么办呢？"子路急忙回答说："一个拥有一千辆兵车，夹在大国之间，加上外国军队的侵犯，甚至还赶上荒年的国家，如果让我去治理，只需用三年的工夫，我就可以使人人勇敢善战，而且还懂得做人的道理。"孔子听了以"哂之"(微微一笑）表示对他的批评。孔子说："治理国家要讲礼让，可是，子路说话一点也不谦让，怎么能治理好国家呢？"

还有一次，孔子带着几个学生到庙里去祭祀，刚进庙门就看见座位上放着一个引人注目的器具，据说这是一种盛酒的祭器。学生们看了觉得新奇，纷纷提出疑问。孔子没有回答，却问寺庙里的人："请问您，这是什么器具啊？"守庙的人一见这人谦虚有礼，也恭敬地说："夫子，这是放在座位右边的器具呀！"于是孔子仔细端详着那器，口中不断重复念着"座右"、"座右"，然后对学生们说："放在座位右边的器具，当它空着的时候是倾斜的，装一半水时，就变正了，而装满水呢？它就会倾覆。"听了老师的话，学生们都以惊异的目光看着他，然后又看着那新奇的器。孔子看出大家的心思，和蔼地问大家："你们有点不相信吗？咱们还是提点水放到器里试试吧！"说着学生们就打来了水。往器里倒了一半水时，那器具果然就正了。孔子立刻对他们说："看见了吧！这不是正了吗？"大家点点头。他又让学生继续往器具里倒水，器具中刚装满了水就倾倒了。孔子赶忙告诉他们："倾倒是因为水满所致啊！"

那位直率的子路率先发问："难道没法子让它不倾倒吗？"孔子深深地望

了大家一眼，语重心长地说："世上绝顶聪明的人，应当用持重（举动谨慎稳重）保持自己的聪明；功誉天下的人，应当用谦虚保持他的功劳；勇敢无双的人，应当用谨慎保持他的本领……这就是说要用退让的办法来减少自满。"学生们听了这含义深刻的话语都被深深地打动了。

孔子准确地告诉了我们什么是真正的谦虚，应该是真诚地听取别人的话语，该说话的时候不能表现出懦弱，用自己的真诚与别人沟通交流，既不能一味地自大张狂，又不可以妄自菲薄，该说的时候还是要说。

富兰克林被称为美国之父。在谈起成功之道时，他说这一切源于一次拜访。在他年轻的时候，一位老前辈请他到一座低矮的小茅屋中见面。富兰克林来了，他挺起胸膛，大步流星，一进门，"砰"的一声，额头重重地撞在门框上，顿时肿了起来，疼得他哭笑不得。老前辈看到他这副样子，笑了笑说："很疼吧？你知道吗？这是你今天最大的收获。一个人要想洞察世事，练达人情，就必须时刻记住低头。"

富兰克林把这次拜访当成一次悟道，他牢牢记住了老前辈的教导，把谦虚列为他一生的生活准则。

20 世纪中国作家和文化先驱之一蔡元培先生曾有过这样一件逸事：一次伦敦举行中国名画展，组委会派人去南京和上海监督选取博物院的名画，蔡先生与林语堂都参与其事。法国汉学家伯希和自认是中国通，在巡行观览时滔滔不绝，不能自已。为了表示自己的内行，伯希和向蔡先生说"这张宋画绢色不错"，"那张徽宗鹅无疑是真品"，以及墨色、印章如何，等等。林语堂注意观察蔡先生的表情，他不表示赞同和反对意见，只是客气地低声说："是的，是的。"一脸平淡冷静的样子。后来伯希和若有所悟，闭口不言，面有惧色，大概从蔡元培的表情和举止上他担心自己说错了什么，出了丑自己还不知道呢！林语堂后来在谈到蔡元培先生时还就伯希和一事感叹说："这是中国人的涵养，反映外国人卖弄的一幅绝妙图画。"

被人们称颂为"力学之父"的牛顿发现了万有引力定律，在热学上，他确定了冷却定律。在数学上，他提出了"流数法"，建立了二项定理和莱布尼兹几乎同时创立了微积分学，开辟了数学上的一个新纪元。他是一位有多方面成就的伟大科学家，然而他非常谦逊。对于自己的成功，他谦虚地说："如果我的见的比笛卡尔要远一点，那是因为我站在巨人的肩上。"他还对人说：

“我只像一个在海滨玩耍的小孩子，有时很高兴地拾着一颗光滑美丽的石子儿，真理的大海还是没有发现。”

古希腊的著名哲学家苏格拉底，不但才华横溢著作等身，而且广招门生奖掖后进，运用著名的启发谈话启迪青年智慧。每当人们赞叹他的学识渊博、智慧超群的时候，他总谦逊地说：“我唯一知道的就是我自己的无知。”

从这些名人的话语中，我们应该看到，什么是真正的谦虚。一个人所获得的知识越多，他可能就越会觉得自己的渺小，生活中很多人没有很丰富的知识和阅历，却装出一副博学多才的样子，实在让人所不齿，我们在知识面前应该保持谦虚谨慎，适当地发表自己的意见，该表现的时候还是应该表现出真实的自己，从而做到既谦虚有理又不妄自菲薄。

我不可逃避我自己

这是一位少年的有趣经历：

6 岁时，一位非洲的主教跟他一块儿玩了一下午的滚球，他觉得从来没有一位大人对他这么好过，认为黑人是最优秀的人种。

8 岁那年，他有了一个嗜好，喜欢问父亲的朋友有多少财产，大部分的人都被他吓了一跳，只好昏头昏脑地告诉他。

上小学时，他常常花一整天时间偷看大姐的情书，从来没有被发觉。

他天生哮喘，夜里总是辗转难眠，白天又异常疲惫，这个病一直折磨着他。他对很多东西都有恐惧症，比如大海。

他恳求父亲带他去钓鱼，父亲说："你没有耐心，带你去你会把我弄疯的。"也由于没有耐性，他成了牛津大学的肄业生。

老师问他拿破仑是哪国人，他觉得有诈，自作聪明地改以荷兰人作答，结果遭到了不准吃晚饭的惩罚。

他总觉得自己的智商只比天才低一点，结果一测试，只有 96，只是普通人的正常智商。

下面，我们再来看一位伟大人物的传奇：

他一生朋友无数，他曾列了一个有 50 个名字的挚友清单，包括美国国防部部长、纽约的著名律师、报刊总编以及女房东、农场的邻居、贫民区的医生，等等。

二战期间，在他 31 岁时，他为了帮助自己的祖国，服务于英国情报局，当了几年的间谍。

38 岁时，他记起祖父从一个失败的农夫成为一名成功的商人，于是决定效仿。没有文凭的他，以 6000 美元起家，创办了全球最大的广告公司，年营

业额达数十亿美元。

他曾自嘲："只要比竞争对手活得长，你就赢了。"他活了88岁。

他一生都在冒险，大学没读完，就跑到巴黎当厨师，继而卖厨具，到美国好莱坞做调查员，随后又做了间谍、农民和广告人。晚年隐居于法国古堡。

他敢于想象，设计了无数优秀的广告词，至今仍在使用。

他说："永远不要把财富和头脑混为一谈，一个人赚很多钱和他的头脑没有多大关系。"

那位少年和伟人是一个人，名字叫做大卫·奥格威，奥美广告公司创始人。

我们发现上述两个例子，它们之间没有所谓成功的必然规律：有的可以牵强地联系起来，比如偷看情书为当间谍作了铺垫，对财富的欲望导致日后开了广告公司，天性友善适合结交朋友；有的则完全相反，没有耐性却创造了伟业，身体不好却长寿，智商不高却有着惊人的智慧。当然，我们也可以不一一对应。可是，你看了这位少年的有趣经历一定能断定他会成为伟大人物吗？

我们并不是反对总结成功规律。万事万物都存在着一定的规律，但是我们不能机械地理解。有位著名的企业家说："市场永远不变的法则就是永远在变。"有位著名的人类学家说："估量命运的秘诀就是不可估量。"因为，我们总在不断地改变。如果真能准确地预测未来，未来还有什么价值呢？

成功是不可复制的，每个人都有自己的成功方式，现在，越来越多的人走进了成功的误区，怀抱着所谓的成功法则，踩着成功人士的脚印，小心翼翼地向前迈进。结果没有靠近理想，反而越走越远。

大卫·奥格威的成功在于他顺从了性格，并将自己的特点（优点）发挥得淋漓尽致。

成功是不可复制的，人的性格、环境、智商、情商、机遇、身份都不一样，怎能拷贝成功？如果说成功有规律可循，那么便是认识你自己、创造你自己、成为你自己，千万不可逃避你自己。

金无足赤，人无完人，生活中不可能有绝对完美的人。追求完美没有错，只有精益求精、取长补短才能不断前进。但如果苛求完美，人不仅活得很累，而且还可能适得其反。所以我们应该学会做自己，勇敢地面对自己，这样我

们才会拥有真正意义上的属于自己的成功。

生活就像是一面镜子，每个人在它面前所有的轮廓都是那么的清晰。你的优点在哪，缺点在哪，都印在它的股掌之中，但有许多人站在镜前时，不愿发现自己的缺点，即使它硬生生地跳入眼帘，也都会设法去掩饰，因为谁想让那些“鸡毛蒜皮”的小东西去破坏自己美丽的曲线呢？

任何人都有长处和短处，关键看你如何扬长避短了。缺点既然存在，又何必刻意去掩盖？真正的好汉，既有人们所敬仰的优点，又有不可抹杀的缺点，他们不会因为自己有不可告人的缺点去伪装自己，更不可能以自己不可一世的优点去遮盖那丢人的缺点。

如果你一味地追求完美，不承认自己的缺点，那么你又怎么进一步去完善自我呢？你可以去掩饰自己，但你能保证你会做得天衣无缝吗？我想不会，因为大众的眼睛是明亮的。所以，我们应该以正确的态度去面对自己的不足，并克服它，才能逐步完善自己。

充满自信地走自己的路

被人们称为“全球第一 CEO”的美国通用电气公司前首席执行官杰克·韦尔奇曾有句名言：“所有的管理都是围绕‘自信’展开的。”凭着这种自信，在担任通用电气公司首席执行官的 20 年中，韦尔奇显示了非凡的领导才能。韦尔奇的自信，与他所受家庭教育是分不开的。韦尔奇的母亲对儿子的关心主要体现在培养他的自信心。因为她懂得，有自信，然后才能有一切。

韦尔奇从小就患有口吃症。说话口齿不清，因此经常闹笑话。韦尔奇的母亲想方设法将儿子这个缺陷转变为一种激励。她常对韦尔奇说：“这是因为你太聪明，没有任何一个人的舌头可以跟得上你这样聪明的脑袋。”于是从小到大，韦尔奇从未对自己的口吃有过丝毫的忧虑。因为他从心底相信母亲的话：他的大脑比别人的舌头转得快。在母亲的鼓励下，口吃的毛病并没有阻碍韦尔奇学业与事业的发展。而且注意到他这个弱点的人大都对他产生了某种敬意，因为他竟能克服这个缺陷，在商界出类拔萃。

美国全国广播公司新闻部总裁迈克尔就对韦尔奇十分敬佩，他甚至开玩笑说：“杰克真有力量，真有效率，我恨不得自己也口吃。”

韦尔奇的个子不高，却从小酷爱体育运动。读小学的时候，他想报名参加校篮球队，当他把这一想法告诉母亲时，母亲便鼓励他说：“你想做什么就尽管去做好了，你一定会成功的！”于是，韦尔奇参加了篮球队。当时，他的个头几乎只有其他队员的四分之三。然而，由于充满自信，韦尔奇对此始终都没有丝毫的觉察，以至几十年后，当他翻看自己青少年时代在运动队与其他队友的合影时，才惊奇地发现自己几乎一直是整个球队中最为弱小的一个。

青少年时代在学校运动队的经历对韦尔奇的成长很重要。他认为自己的才能是在球场上培训出来的。他说：“我们所经历的一切都会成为我们信心建

立的基石。”在整个学生时代，韦尔奇的母亲都始终是他最热情的拉拉队长。所有亲戚、朋友和邻居几乎都听过韦尔奇母亲告诉他们的关于她儿子的故事，而且在每一个故事的结尾，她都会说，她为自己的儿子感到骄傲。

在培养儿子自信心的同时，她还告诉韦尔奇，人生是一次没有终点的奋斗历程，你要充满自信，但无须对成败过于在意。

一个人除非自己有信心，否则不能带给别人信心；已经信服的人，方能使人信服。

有一位女歌手，第一次登台演出，内心十分紧张。想到自己马上就要上场，面对上千名观众，她的手心都在冒汗：“要是在舞台上一紧张，忘了歌词怎么办?”越想，她心跳得越快，甚至产生了打退堂鼓的念头。

就在这时，一位前辈笑着走过来，随手将一个纸卷塞到她的手里，轻声说道：“这里面写着你要唱的歌词，如果你在台上忘了词，就打开来看。”她握着这张字条，像握着一根救命的稻草，匆匆上了台。也许有那个纸卷握在手心，她的心里踏实了许多。她在台上发挥得相当好，完全没有失常。

她高兴地走下舞台，向那位前辈致谢。前辈却笑着说：“是你自己战胜了自己，找回了自信。其实，我给你的，是一张白纸，上面根本没有写什么歌词!”她展开手心里的纸卷，果然上面什么也没写。她感到惊讶，自己凭着握住一张白纸，竟顺利地渡过了难关，获得了演出的成功。

“你握住的这张白纸，并不是一张白纸，而是你的自信啊!”前辈说。

歌手拜谢了前辈。在以后的人生路上，她就是凭着握住自信，战胜了一个又一个困难，取得了一次又一次的成功。

自信可以带给你成功，也可以带给你美丽。珍妮是个总爱低着头的小女孩，她一直觉得自己长得不够漂亮。有一天，她到饰物店去买了只绿色蝴蝶结，店主不断赞美她戴上蝴蝶结挺漂亮，珍妮虽不信，但是挺高兴，不由昂起了头，急于让大家看看，出门与人撞了一下都没在意。珍妮走进教室，迎面碰上了她的老师，“珍妮，你昂起头来真美!”老师爱抚地拍拍她的肩说。那一天，她得到了许多人的赞美。她想一定是蝴蝶结的功劳，可往镜前一照，头上根本就没有蝴蝶结，一定是出饰物店时与人一碰弄丢了。自信原本就是一种美丽，而很多人却因为太在意外表而失去很多快乐。无论是贫穷还是富有，无论是貌若天仙，还是相貌平平，只要你昂起头来，快乐会使你变得可爱——人人都喜欢的那种可爱。

磨炼坚强意志，克服懦弱一环

世界上有许多著名的科学家的家境是清贫的。他们在通往成功的道路上，都曾与困苦的境遇做过顽强的斗争。牛顿少年时代的境遇就是十分令人同情的。

牛顿 1642 年出生在英国一个普通农民的家里。在牛顿出生前不久，他的父亲就去世了。母亲在他两岁那年改嫁了。当牛顿 14 岁的时候，他的继父不幸故去了，母亲回到家乡，牛顿被迫休学回家，帮助母亲种田过日子。母亲想培养他独立谋生的能力，要他经营农产品的买卖。

一个勤奋好学的孩子多么不愿意离开心爱的学校啊！他伤心地哭闹了几次，母亲始终没有回心转意，最后他只得违心地按母亲的意愿去学习经商。每天一早，他跟一个老仆人到十几里外的大镇子去做买卖。牛顿非常不喜欢经商，把一切事务都交托老仆人经办，自己却偷偷跑到一个地方去读书。

时光渐渐流逝，牛顿越发对经商感到厌恶，心里所喜欢的只是读书。后来，牛顿索性不去镇里经商了，仅嘱老仆人独去。怕家里人发觉，他每天与老仆人一同出去，到半路停下，在一个篱笆下读书。每当下午老仆人归来时，再一同回家。

这样，日复一日，篱笆下的读书生活倒也其乐无穷。一天，他正在篱笆下兴致勃勃地读书，赶巧被过路的舅舅看见。舅舅一看这个情景，很是生气，大声责骂他不务正业，把他的书抢了过来。舅舅一看他所读的是数学书，上面画着种种记号，心里受到感动，于是一把抱住牛顿，激动地说："孩子，就按你的志向发展吧！你的正道应该是读书。"

回到家里后，舅舅竭力劝说牛顿的母亲，让牛顿弃商就学。在舅舅的帮助下，牛顿才如愿以偿地复学了。

下面讲的是一个关于不相信自己的意志永远也做不成将军的故事。

春秋战国时代，一位父亲和他的儿子出征作战。父亲已做了将军，儿子还只是马前卒。又一阵号角吹响，战鼓雷鸣了，父亲庄严地托起一个箭囊，其中插着一支箭。父亲郑重地对儿子说："这是家袭宝箭，佩戴身边，力量无穷，但千万不可抽出来。"

那是一个极其精美的箭囊，厚牛皮打制，镶着幽幽泛光的铜边儿，再看露出的箭尾。一眼便能认定用上等的孔雀羽毛制作。儿子喜上眉梢，贪婪地推想箭杆、箭头的模样，耳旁仿佛有嗖嗖的箭声掠过，敌方的主帅应声折马而毙。

果然，佩带宝剑的儿子英勇非凡，所向披靡。当鸣金收兵的号角吹响时，儿子再也禁不住得胜的豪气，完全背弃了父亲的叮嘱，强烈的欲望驱赶着他呼一声就拔出宝剑，试图看个究竟。骤然间他惊呆了。

一支断箭，箭囊里装着一支折断的箭。

我一直挎着支断箭打仗呢！儿子吓出了一身冷汗，仿佛顷刻间失去支柱的房子，意志轰然坍塌了。

结果不言自明，儿子惨死于乱军之中。

拂开蒙蒙的硝烟，父亲捡起那柄断箭，沉重地啐一口道："不相信自己的意志，永远也做不成将军。"

把胜败寄托在一支宝箭上，多么愚蠢！而当一个人把生命的核心与把柄交给别人，又多么危险！比如把希望寄托在儿女身上，把幸福寄托在丈夫身上，把生活保障寄托在单位身上……

这个故事从反面告诉我们，自己才是一支箭，若要它坚韧，若要它锋利，若要它百步穿杨，百发百中，磨砺它，拯救它的都只能是自己。

海伦·凯勒，美国盲聋女作家、教育家。幼时患病，两耳失聪，双目失明。七岁时，安妮·沙利文担任她的家庭教师，从此成了她的良师益友，相处达 50 年。在沙利文帮助之下，进入大学学习，以优异的成绩毕业。在大学期间，写了《我生命的故事》，讲述她如何战胜病残，给成千上万的残疾人和正常人带来鼓舞。这本书被译成 50 种文字，在世界各国流传。以后又写了许多文字和几部自传性小说，表明黑暗与寂静并不存在。后来凯勒成了卓越的社会改革家，到美国各地，到欧洲、亚洲发表演说，为盲人、聋哑人筹集资

金。二战期间，又访问多所医院，慰问失明士兵，她的精神受人们崇敬。1964 年被授予美国公民最高荣誉——总统自由勋章，次年又被推选为世界十名杰出妇女之一。

她虽是一个残疾人，可她用自己坚强不屈的毅力，战胜了自己的残疾，并成为了让全世界都为之敬仰的人。在遇到挫折困难时，我们一定不能懦弱，而应战胜自己，做有毅力的自己。

逆来要顺受

每个人的一生都会遇到挫折，历史上很多的名人，之所以为我们所认识，是因为他们在逆境中不抱怨，坦然接受并自强不息。

一代伟人毛泽东，小时候因无钱买书，竟然徒步走了20多里的路，到亲戚朋友家去借书读。白天出去放牛，晚上就在昏黄的豆油灯下苦读。就是这种追求知识的精神和坚忍不拔的毅力使他有着宏大的理想和抱负，才使他后来成为中国杰出的人民领袖。著名作家高尔基从小就饱尝人间的辛酸，即使做活累得腰酸背痛，也不肯放弃一刻时间去看书，还常常在老板的皮鞭下偷学写作，终于成为著名的作家。美国的大发明家爱迪生，小时候家里买不起书，买不起做实验用的器材，就到处收集瓶罐。一次，他在火车上做实验，不小心引起了爆炸，车长甩了他一记耳光，他的一只耳朵就这样被打聋了。生活上的困苦，身体上的缺陷，并没有使他灰心，他更加勤奋地学习，终于成了一位举世闻名的科学家。

桑兰，原国家女子体操队队员，曾在全国性运动会上获得跳马冠军。1998年7月21日晚在纽约友好运动会上意外受伤之后，默默无闻的桑兰成了全世界最受关注的人。这确实是个意外。当时桑兰正在进行跳马比赛的赛前热身，在她起跳的那一瞬间，外队一教练“马”前探头干扰了她，导致她动作变形，从高空栽到地上，而且是头先着地。

遭受如此重大的变故后却表现出难得的坚毅，她的主治医生说：“桑兰表现得非常勇敢，她从未抱怨什么，对她我能找到表达的词就是‘勇气’。”就算是知道自己再也站不起来之后，她也绝不后悔练体操，她说：“我对自己有信心，我永远不会放弃希望。”

这些年来，桑兰用她的行动印证着自己的诺言，在北大学习、加盟星空

卫视主持节目、担任申奥大使、参加雅典奥运北京接力……她充满力量的笑容总能给人希望！

安徒生是丹麦 19 世纪著名童话作家，世界文学童话创始人。他生于欧登塞城一个贫苦的鞋匠家庭，早年在慈善学校读过书，当过学徒工。受父亲和民间口头文学影响，他自幼酷爱文学。11 岁时父亲病逝，母亲改嫁。为追求艺术，他 14 岁时只身来到首都哥本哈根。经过 8 年奋斗，终于在诗剧《阿尔芙索尔》的剧作中展露才华。因此，被皇家艺术剧院送进斯拉格尔塞文法学校和赫尔辛欧学校免费就读。历时 5 年。1828 年，升入哥尔哈根大学。毕业后始终无工作，主要靠稿费维持生活。1838 年获得作家奖金——国家每年拨给他 200 元非公职津贴。安徒生终生未成家室，1875 年 8 月 4 日病逝于朋友——商人麦尔乔家中。

可见，人生在世，谁都不可避免地会遭遇坎坷，说得严重一点，几乎可以说，在我们每个人降生到这个世界以前，就被注定了要经历各种困难折磨的命运。

青少年的逆境是多方面的，原因是多方面的。如一些学校，片面追求升学率，重智育，轻德育、体育；重课内教学，轻课外教育；重尖子生，轻后进生学校生活内容、方式单一，许多学生对学习深感枯燥、乏味，心理恐慌，信心不足，视课堂为牢狱，视学习为苦差事。而一些教师忽视学生心理特点，在教育学生时采用不当的方法，体罚、心罚学生，损伤学生的自尊心，使不少学生产生孤独、自卑的心理。有些后进生，被教师所嫌弃，失去上进心而自暴自弃。也有个别老师存在“棍棒之下出人才”、“打是亲、骂是爱”等传统思想，忽视了学生的身心，导致学生处于逆境。

有的家长对子女经常训斥，使孩子对父母见而生畏，缺乏感情交流。孩子遇到困难得不到帮助，遇到挫折得不到鼓励，使孩子有种“压抑感”、“委屈感”，陷入逆境。有的父母感情破裂，双亲离异，严重摧残了孩子的心灵。更有些“问题家庭”家长本身品德低劣，作风不正，给孩子的心灵带来伤害。

面对逆境造成的困难与痛苦，我们应该积极地去应对。其实，逆境有利于人的成长，因为人具有生存的强意志力。而人具有生存的强意志力，就可以克服恶劣的逆境对他所产生的种种不利影响，因为天将降大任于是人也，必先苦其心志，劳其筋骨，饿其体肤，空乏其身，行拂乱其所为，所以动心

忍性，增益其所不能。这种生存的强意志力尽管我们的肉眼看不见它的存在，我们的灵魂却可以时时刻刻感受到它的存在，并且人无论置身于多么恶劣的逆境之中，这种生存的强意志力都不会被完全扼杀，除非人自行放弃。

身处逆境，就应有足够的勇气正视现实，接受生活的挑战，而不应对困难采取回避的态度，自怨自艾，或将不切实际的幻想代替现实。每个人都曾遭遇过失败，因为失败是每个人所必须经历的。冰心说：“成功的花，人们只惊羡它现时的明艳，然而当初它的芽儿，却浸透了奋斗的泪泉，洒遍了牺牲的血雨。”失败并不可怕，可怕的是你不敢面对失败，不敢正视失败。

逆境，可用来磨炼一个人的意志，从而以更坚强的信念和意志去努力学习，奋力前进，以壮大了的力量去迎接更严峻的挑战。奋斗是人在身处逆境中的一种信念，是面临考验时的一种拼搏精神，亦是人的一种可贵品质。奋斗是艰辛的，同样亦是幸福的，因为它是前进的过程，只有经历了才会获得成功，这样的人生是充实而丰富多彩的。

“当你陷入人为困境时，不要抱怨，默默地吸取教训”。比尔·盖茨的这句名言启示我们：在日常生活中，我们要学会以思考替代抱怨，用行动替代牢骚，豁达、勇敢地面对生活的各种挑战，始终保持着蓬勃朝气、昂扬锐气。这是成功的基础，也是健康人生的必要条件。

逆来要顺受，只要我们坦然面对困难和挫折，你会发现生活真的是那么的美好！朋友们，永远都不要抱怨，保持乐观的心态，美好的生活就在前方！

赶走奴性，别等鞭子赶你

如果你可以舒舒服服地坐着，你会不会让自己站着？如果你今天可以 9 点起床，你会不会强迫自己 7 点起床？如果某项工作可以放到明天做，你会不会今天非要加班把它做完？你不会，大部分人都不会。

实际上，从人性的角度来讲，懒惰是人的天性，世界上大部分人都是懒惰的，甚至可以说每个人内心深处都有懒惰的一面。长此下去，就会形成一种奴性思想，产生厌倦、懈怠情绪，浑浑噩噩、了无生趣。

懒惰是成功的绊脚石，在充满困难与挫折的人生道路上，懒惰的人习惯于等、靠、要，从来不想去求知、发明、拼搏、创造，最终只能是一事无成。为此要努力赶走奴性，克服懒惰的习惯。

青少年的奴性、惰性主要有哪些表现呢？

自己能做的事不做。比如最常见的家里的卫生，也是每个家庭成员都能做的事，就算我们中有的小学生能做的有限，可是抹桌子，洗洗茶杯什么的，还是可以做的。但是懒惰的人就不做，他认为反正有父母做。

自己该做的事也不做。比如，我们之中的好多同龄人不别说做饭洗衣服了，就连饭前饭后擦桌子，帮助父母端端盘子也不做，就等在那里等着吃现成的；还有的人直到要换衣服，才会叫家长把衣服送到自己面前来，根本不知道事前要把自己要穿的衣服准备好，还有，自己平时换下来的衣服也不知道要放到衣篓里，扔得到处都是。

在学习上，文具扔得满桌都是，等到要用的时候，就急着让父母来帮助找；书包从来不自己整理，常使得该带的书忘了带，不需要的书却背了来；更有甚者，有的同学懒到了极点，明明应该是自己要完成的作业，却非要父

母帮着来完成，最常见的就是手工作业，父母代劳的多的是。

大事做不来，小事不愿做。比如很多小学生就认为做饭是一件复杂的事，他们也做不来，同时又认为像洗袜子这样的小事，本来一直是妈妈在做，自己就没有必要多此一举了。这样下来，最后的结果就成了大事做不来，小事不愿做，最后当然是大事小事全不会做也不愿做的懒虫了。面对惰性行为，有的人浑浑噩噩，意识不到这是懒惰；有的人寄希望于明日，总是幻想美好的未来；而更多的人虽极想克服这种行为，但往往不知道如何下手，因而得过且过，日复一日。

一个人过于懒惰，那么无论他的理想有多么伟大，他都不可能实现，因为懒惰的人是很难把理想付诸行动的。而且，一个人如果养成了懒惰的习惯，还会给他的成长带来不可忽略的其他问题，这些问题的存在，会让一个人的成功阻碍重重。

那么，我们该如何克服惰性呢?

从力所能及的家务劳动开始。

对于我们来说，不同的年龄段可以做的家务劳动是有所不同的，我们可以自己对照着来督促自己试着来做。

如果是一个低年级的孩子，就可以在以上基础上试着来做下面这些事情：穿衣服、系鞋带；洗手、洗脸、洗脚、叠被子、洗手绢、洗袜子；整理图书和玩具；擦桌子、扫地。

如果你是一个小学中年级的学生，那么你可以做的事就更多了：洗小件衣服、收拾屋子、倒垃圾；钉纽扣、包书皮；帮家长买菜、择菜、洗菜。

如果是一个小学高年级的学生，下面的这些事应该就都可以做了：布置房间、缝补衣服、洗衣服、刷鞋；使用简单的工具，如钳子、锤子、剪子、斧子、铁锹；帮助家里买米、面，会做简单的饭菜；会浇水、松土、施肥等；打扫楼道、院子；积极参加学校组织的劳动。

如果是一名中学生，就可以试着在更高层次上努力：设计、布置房间；和家长一起管理财务；学会全部家务，能洗、缝、做饭、做菜，会使用家用电器，会擦洗、修理自行车等简单的机械物品。

该自己做的事情，不要推给别人。

什么是该自己做的事情呢？比如，收拾自己的图书和玩具，削铅笔、整理书包、做值日。对于大孩子来说，比如收拾自己的屋子、洗自己的衣服和鞋子，一个人在家的时候可以解决自己吃饭的问题，等等。这些都是我们必须要自己面对的问题，所以，从现在起就试着自己来做做看。

对于我们面临的工作，不要挑肥拣瘦。

我们之中有很多人对于那些不得不做的工作，经常会撇着嘴巴挑来拣去。不是觉得这项工作太难了，就是觉得那件事太简单，自己去做简直是在浪费时间。最后就变成这个不想做，那个不愿做了。如果我们真的要训练自己克服那种懒惰的个人习惯，就一定不要在工作面前挑肥拣瘦。

在学中做，在做中学，力求把每件事做到最好。

无论我们是处于何种年龄段的人，对于每做一件新鲜的事情都会有一个学习的过程，并不是说，我是中学生了，我自然就一定会做饭了，不是的。所以，在最初的时候，我们要抱着学习的心态来面对每一项劳动，只有慢慢地学会了，才可以做起来得心应手。另外，在做中学的意思是，有些劳动我们在向父母学习的过程中学会了，可还是有必要在做的过程中再多想想，做同样的工作，有没有比现在的方法更简便易行的？

我们比想象中还要能干。

我们的很多同龄人在面对一项劳动任务的时候，经常是还没开始做就觉得自己无法胜任，因为觉得自己从来没有做过。然而事实是，很多工作并没有我们想象的那么难，因为我们比自己想象中要能干。

进行自我督促。

星期一的早晨，你又为起床感到费劲，你觉得这对你来说太困难了。

你的脏袜子已经堆不下了，可是你还是不想洗。

你从来没有叠被子的习惯。

你想做点家务活，比如打扫一下自己的房间，可是你迟迟没有行动，你总有各种各样的原因不去做，诸如你学习太累，要看电视等。

你总是说要锻炼身体，“我该跑步了……从下周一开始”。

学习太忙了，所以，你虽然已经是个中学生了，却从来没有洗过一次盘子。

……

不能再这样下去了，赶紧给自己制订一个计划，然后严格按照计划去做，每天坚持检查、反思，进行自我评估，在自我督促中，一步步地使自己积极起来，行动起来。

人的生命是有限的，别等鞭子赶你，自我督促、积极上进吧！只有勤奋、刻苦、好学、积极，朝着预定目标孜孜以求，才会到达光辉的顶点。

别逃避，敢于为错误埋单

每个人都会犯错误，即使是历史上的名人也一样，对于自己所犯的错误我们不可以逃避，勇敢地面对，我们才会真正受到别人的尊重。

乔治·华盛顿小时候住在弗吉尼亚的一个农场上。他的父亲教他骑马，经常带着年轻的乔治到农场上干活，以便儿子长大后能学会种田，放牛养马。

华盛顿先生有一个美丽的果园，里面种着苹果树、桃树、梨树、李子树与樱桃树。有一次，华盛顿先生从大洋对岸买了一棵品种上佳的樱桃树。他非常喜爱这棵樱桃树，把树种在果园边上，并告诉农场上的所有人要对它严加看护，不能让任何人碰它。

这棵樱桃树长势很好。春天来了，树上开满了白花，散发出阵阵芬芳，许多蜜蜂都围着它辛勤地忙碌着。想到用不了多长时间就可以吃到樱桃树结的果子，华盛顿先生心里非常高兴。

大约就在此时，有人送给乔治一把明亮的斧子，乔治非常喜欢，他拿着它砍树枝，砍篱笆，可以说是见什么砍什么。一天，他一边想着自己的斧子有多么锋利，一边来到果园边儿，举起斧子砍向那棵樱桃树。由于树皮很软，乔治没费多大力气就把树砍倒了。接着他又去别的地方玩了。

那天傍晚，华盛顿先生忙完农事，把马牵回马棚，然后来果园看他的樱桃树。没想到，自己心爱的树被砍倒在地，他站在那里惊呆了，几乎不敢相信自己的眼睛。是谁胆敢这样做？他问了所有人，但谁都说不知道。

就在这时，乔治恰巧从旁边经过。“乔治，”父亲用生气的口吻高声喊道，“你知道是谁把我的樱桃树砍死了吗？”

这个问题可把乔治给难住了，看到父亲如此愤怒，他意识到自己的一时冲动闯下了祸。他哼哼叽叽了一会儿，但很快恢复了神志。“我不能说谎，爸

爸，”他说，“是我用斧子砍的。”华盛顿先生看了看乔治。那孩子脸色煞白，但直视着父亲的眼睛。

“回家去，儿子。”华盛顿先生严厉地说道。

乔治走进书房，等着父亲。他心里很难过，同时也感到非常惭愧。他知道自己实在是太轻率了，干了件傻事，也难怪父亲不高兴。

一会儿之后，华盛顿先生走进书房。“到这里来，孩子。”他说道。

乔治听话地走到父亲身边。华盛顿先生静静地看了他很长时间：“告诉我，儿子，你为什么要砍那棵树？”

“当时我正在玩，没想到……”乔治结结巴巴地说道。

“现在树就要死了，我们永远也不会吃到它结的樱桃了。但比这更糟的是，我嘱咐你要看护好这棵树，你却没有做到。”

乔治羞愧难当，脸一红，低下头，眼泪就快要落下了，哽咽着说：“对不起，爸爸。”

华盛顿先生把手放在孩子肩头。“看着我，”他说道，“失去了一棵树，我当然很难过，但我同时也很高兴，因为你鼓足勇气向我说了实话。我宁愿要一个勇敢诚实的孩子，也不愿拥有一个种满枝叶繁茂的樱桃树的果园。一定要记住这一点，儿子。”

乔治·华盛顿从未忘记这一点。他一直像小时候那样勇敢，受人尊敬，直至生命结束。

由于华盛顿敢于承认自己的错误并且他的父亲懂得正确地教育他，使他终身受益，一辈子受人尊敬。

人都是在错误中成长的，敢为错误埋单体现了一个人的勇气、诚实和责任感，而害怕出错就裹足不前则不会有进步。

有一位著名的生物学权威教授拉塞特，看到生物学的著述都错误百出，于是教授宣称他决定出版一本内容绝无错误的生物学巨著。

经过一段时间，在众人引颈期待中拉塞特教授的生物学巨著终于出版了，书名叫做《夏威夷毒蛇图鉴》。许多钻研生物学的人，迫不及待地想一睹这本号称“内容绝无错误”的生物学巨著。但每个拿到这本新书的人，在翻开书页的时候，都不禁为之一怔，几乎不约而同地急忙翻遍全书。而看完整本书后，每个人的感觉也全都相同，脸上的表情亦是同样的惊愕。

原来整本的《夏威夷毒蛇图鉴》，除了封面几个大标题的大字之外，内页全部是空白。也就是说，整本《夏威夷毒蛇图鉴》里，全都是白纸。大批记者拥进拉塞特教授任职的研究所，七嘴八舌地争相访问教授，想弄清楚这究竟是怎么一回事。面对记者的镁光灯，拉塞特教授轻松自若地回答："对生物学稍有研究的人都知道，夏威夷根本没有毒蛇，所以当然是空白的。"

拉塞特教授充满智慧的双眼，闪烁着奇特的光芒，继续道："既然整本书是空白的，当然就不会有任何错误了，所以我说，这是一本有史以来，唯一没有错误的生物学巨著。"拉塞特教授的幽默感，你能领会吗？

因为恐惧错误而故步自封，或是因为过去的决策的错误，造成重大损失，而自己裹足不前，岂不正如前述那位教授出版空白纸张一般？重要的是，我们的人生焉能留白？生命笔记当中，还有无数的空白页面，有待我们勇敢地提起行动的彩笔，让它成为一页又一页丰富灿烂的精美图鉴。

人非圣贤，孰能无过，有了错误选择逃避，不做改正，长期累积必将付出惨重的代价。既然是错误的，就应该为自己的错误埋单，尽早地给它画上句号，才不会重蹈覆辙，才能不断前进。

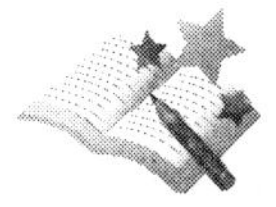

据理要力争，别轻易妥协

1872年的一天，在美国加利福尼亚的一个酒店里，斯坦福与科恩围绕“马奔跑时蹄子是否着地”发生了争执，斯坦福认为，马奔跑得那么快，在跃起的瞬间四蹄应是腾空的。而科恩认为，马要是四蹄腾空，岂不成了青蛙？应该是始终有一蹄着地。两人各执一词，争得面红耳赤，谁也说服不了谁。于是两人就请英国摄影师麦布里奇做裁判，可麦布里奇也弄不清楚，不过摄影师毕竟是摄影师，点子还是有的。他在一条跑道的一端等距离放上24部照相机，镜头对准跑道；在跑道另一端的对应点上钉好24根木桩，木桩上系着细线，细线横穿跑道，接上相机快门。

一切准备就绪，麦布里奇让一匹马从跑道的一头飞奔到另一头，马一边跑，一边依次绊断24根细线，相机转接拍下了24张相片，相邻两张相片的差别都很小。相片显示：马奔跑时始终有一蹄着地，科恩赢了。

事后，有人无意识地快速拉动那一长串相片，“奇迹”出现了：各相片中静止的马互相重叠成一匹运动的马，相片“活”了。电影的“雏形”经过艰辛试验终于成熟了。留心生活的每一瞬间，坦诚己见，并为之争执、理论，适时求助、探究，也许重大发现就在眼前。

在香港回归的整个过程中，作为这一历史盛事进程的推动者和主导者，邓小平表现了中国共产党人和伟大政治家特有的品质和情怀，展现了中华民族的优良传统和宝贵精神，是他创造性地提出“一国两制”的伟大构想，给我们带来了今天这一切。

“我是中国人民的儿子，我深情地爱着我的祖国和人民”。这句发自邓小平内心的质朴无华的名言，凝聚着他老人家忠于祖国、忠于人民的赤子情怀，也是他和他的那代人出生入死革命一生的力量源泉。作为国家领导人，他不

能容忍英国通过不平等条约攫取的中国领土香港继续在他们的统治之下，中国政府必须在新界租借期满时收回整个香港，他认为这是历史赋予当代中国领导人和政府责无旁贷的使命。

邓小平在 1982 年 9 月 24 日告诉来访的英国首相撒切尔夫人：“如果中国在 1997 年，也就是中华人民共和国成立 48 年后还不把香港收回，任何一个中国领导人和政府都不能向中国人民交代，甚至也不能向世界人民交代。如果不收回，就意味着中国政府是晚清政府，中国领导人是李鸿章！我们等待了 33 年，再加上 15 年，就是 48 年，我们是在人民充分信赖的基础上才能如此长期等待的。如果 15 年后还不收回，人民就没有理由信任我们，任何中国政府都应该下野，自动退出历史舞台，没有别的选择。”

面对强劲对手，邓小平表现了所向披靡的气概和压倒一切的自信，在捍卫国家核心利益的原则问题上真正做到了寸步不让、决不妥协。

1984 年 9 月 24 日，邓小平和撒切尔夫人那次著名的会见和谈话可以说是中英两国最高领导人在香港问题上的一次大较量。挟马岛战争胜利的威风，素有“铁娘子”之称的撒切尔夫人，一上来就声称历史上的条约按国际法仍然有效，要求 1997 年以后继续维持英国对整个香港地区的管辖不变，并威胁说：“要保持香港的繁荣，就必须由英国人来管制。如果中国宣布收回香港，就会给香港带来灾难性的影响和后果。”

邓小平针锋相对：“关于主权问题，中国在这个问题上没有回旋余地。坦率地讲，主权问题不是一个可以讨论的问题。现在时机已经成熟了，应该明确肯定，1997 年中国将收回香港。就是说，中国要收回的不仅是新界，而且包括香港岛、九龙。”

邓小平逐一批驳了撒切尔夫人关于香港要继续繁荣必须在英国的管制之下、香港不能保持繁荣就会影响中国的“四化”建设、中国宣布 1997 年收回香港就会引起香港波动等论调。他特别针对“波动论”说了一段令英国人胆战心惊的话：“我还要告诉夫人，中国政府在作出这个决策的时候，各种可能都估计到了。我们还考虑了我们不愿意考虑的一个问题，就是如果在 15 年过渡期内香港发生严重的波动，怎么办？那时，中国政府将被迫不得不对收回的时间和方式另作考虑。如果说宣布要收回香港就会像夫人说的‘带来灾难性的影响’，那我们要勇敢地面对这个灾难，作出决策。”邓小平还指出，过

渡时期如果发生大的混乱将是“人为的”，制造混乱的人不光有外国人，也有中国人，而“主要的是英国人”。言下之意，如谈不成，中方将单独采取行动；如出现动乱，将采取非和平方式提前收回香港。

可以说，没有邓小平，香港不会那么容易地回归祖国的怀抱，我们应该学习他那种有理就力争的精神。

做负责的人，办负责的事

查尔斯·詹姆斯·福克斯是英国著名政治家，他以“言而有信”获得了政界较高的赞誉。

当福克斯还是一个孩子时，有一次，福克斯父亲打算把花园里的小亭子拆掉，再另行建造一座大一点的亭子。小福克斯对拆亭子这件事情非常好奇，想亲眼看看工人们是怎样将亭子拆掉的，他要求父亲拆亭子的时候一定要叫他。小福克斯刚巧要离家几天，他再三央求父亲等他回来后再拆亭子，福克斯父亲敷衍地说了一句：“好吧！等你回来再拆亭子。”

过了几天，等小福克斯回到家中，却发现旧亭子早已被拆掉了，小福克斯心里很难过。吃早饭的时候，小福克斯小声地对父亲说：“你说话不算数！”父亲听了觉得很奇怪，说：“不算数？什么不算数？”原来父亲早已把自己几天前说过的话忘得一干二净。老福克斯听到儿子的话后，前思后想，决定向儿子认错。他认真地对小福克斯说：“爸爸错了！我应该对自己说过的话负责！”

于是，老福克斯再次找来工人，让工人们在旧亭子的位置上，重新盖起一座和旧亭子一模一样的亭子，然后当着小福克斯的面，把“旧亭子”拆掉，让小福克斯看看工人们是怎样拆亭子的。

后来，老福克斯总是说：“言而有信，对自己的言语负责，这一点比万贯家财来得更为珍贵！”

一个人做任何事情都要负责，从这个故事可以看出，父母对自己的言行是否负责，会直接影响到孩子的人品和性格。

不要轻易许诺，一旦许下诺言，就要尽可能照此执行。实在做不到，也应该给对方解释清楚，有条件的话，尽快将此补上。这看起来像是小事，可

如果你总也不实现自己的诺言，对方便不会再听信你的话，因为他们会觉得你是在欺骗他们。

海拉蒂今年四岁半了，在萨尔马多城上幼儿园，最近她在学习有关植物方面的知识。海拉蒂迷上了植物，她觉得那些花草实在是太美了，便苦苦地哀求爸爸给她买一盆鲜花。

爸爸同意了海拉蒂的请求，趁周末带着海拉蒂到花卉市场买了一盆小花。父亲希望海拉蒂看到小花生长的整个过程，并且能够自己照顾它。于是，父亲和海拉蒂约定，由海拉蒂负责照顾鲜花，给它浇水和施肥。

最初几天，海拉蒂非常兴奋，每天耐心地给小花浇水，还根据日照的情况，不断给花盆挪动位置，并拿出本子，歪歪扭扭地在上面画出花卉生长的情况。

海拉蒂的父亲看到小海拉蒂这么有责任心，十分满意。可是，没过多久，海拉蒂的父亲发现小海拉蒂给花浇水的次数越来越少了，甚至好多天都不给小花浇水，也不做记录，似乎她已把养花的事给忘了。结果，小花慢慢枯萎了，叶子也开始泛黄，生长的速度减慢了，再过几天，花快死了。

吃过晚饭，海拉蒂父亲把海拉蒂叫到阳台，说："你给花浇水了吗？"

海拉蒂低着头说："没有。"

"为什么没有？"

"我……"

"我们在买这盆花的时候，是怎么说的？由谁负责给这盆花浇水？"

海拉蒂沉默不语。

"你看，这盆花多么的伤心、悲哀！她失去了美丽的叶子变得枯黄，而这都是因为你。"

以后的日子里，海拉蒂每天坚持给花浇水，小花不久又恢复了以往漂亮的颜色。

不管是什么东西，有生命的或没有生命的，我们都应该对其负责，人们会从这些小事中了解你的为人。

格里没有等到晚上放学，就哭着回到了家，送他回来的是学校里的一个叔叔。格里的母亲萨利特斯问学校里的叔叔，这到底是怎么一回事？叔叔说，放学前小朋友们排队，可格里根本就不好好站，总是窜来窜去的，结果不知

怎么的，就和一个同学起了冲突。老师批评了格里几句，他就开始哇哇地哭个不停，还跟老师嚷嚷："我没错！我没有打他！"

母亲萨利特斯向叔叔道了谢，然后拉着格里进了门。

"怎么回事？"萨利特斯看着两眼红红的格里问道。

"我不小心和马克撞了一下，结果马克就使劲儿地推我，我踢了他一脚，马克哭了，老师就说我了。"格里脸上挂着两行泪珠，补充说道："是他先推我的！"

听到这里，母亲萨利特斯基本上把事情的来龙去脉搞清楚了，她语气平和地问格里："难道你一点责任都没有吗？"

"没有！不是我的错！是马克先推我的！"

"好，现在我问你，如果你好好按照老师的要求排队，不乱跑，你能不小心撞到别人吗？你没有撞到马克，马克会推你吗？"

格里默不做声了。

"现在你再仔细想想，你一点责任都没有吗？你是男子汉，记住，不要把什么责任都推到别人的身上！遇事仔细想一想，为什么别人会这样对你，你是不是做了什么不对的事情。"

最后，萨利特斯对儿子格里说了一句话："你得学会对自己的行为负责！"

格里用力地点了点头。

当发生一些事情时，不要总想着别人的不对，首先应想想自己有没有做错什么，并为自己的行为负责。

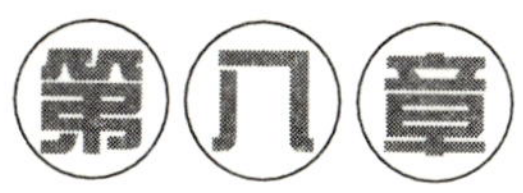

第八章

把握分寸，学会自我管理

青少年时期自我控制能力还比较弱，往往很容易走歪路，这个时期必须要好好听从家长和老师的指导，不要有很强的逆反心理，遇到事情要及时向身边的亲人朋友讲，让他们为你分担一些，这样不仅让你懂得与别人沟通的好处，也能让你走上最正确的道路。同时我们也要善于管理自己，提高自控能力，让自己在每一次的诱惑当中不动摇，把握分寸，坚守信念。

少年也要“老成”

少年也要“老成”，主要指的是少年人须有老成之识见。

21 岁的霍去病少壮魁伟，英威高雄，提兵十万横边朔，北击匈奴王庭，封狼居胥了；比尔·盖茨上大学时已经投笔从商，开始为信息时代的微软帝国奠基；雄姿英发的三国周郎，青春儒将，谈笑间樯橹与百万雄师灰飞烟灭。自古英雄出少年，真所谓“东方欲晓，莫道君行早”。

现在也许很少有人不知道或没听说过“孙子兵法”或“三十六计”的了。由于它所包含的辩证思想，以及争取主动的地位，用兵不厌诈，避实击虚，不用战争就能够使敌人屈服等理念和聪明智慧，一直在影响着人们，甚至影响着历代的军事家、政治家、哲学家、思想家等。青少年应尽早学会“36 计”，做到少年老成，胸有成竹。

在对待朋友、待人处事方面，尤其是搞好人与人之间的关系，需要青少年进一步规范行为，宣扬传统的美德。同时，每个人的一生中都会与人打交道，总要遇到待人处事的问题，这是人们的现实需要，青少年应该尽早学会。在这里，仅有克敌制胜的“36 计”显然是不行的，只知道算计人的阴谋诡计是不行的。

学会处世是一个人走向成熟的标志之一！在社会上做人做事必须通晓人情世故。处世是为了把世道打通，把事理勘破，不通世道、不懂事理的人是不会做成大事的，也不会成就完美人生的。学会做人必先学会处世，处世老到的人，做人亦必老成，做事亦必老练。人生没有平坦的大道，处世不能全凭自己的意愿。“径行窄处，留一步与人行；滋味浓时，减三分让人尝。”人们虽然同处人类大家庭，同是一个太阳照，但活的滋味不同，社会地位迥异。有的人媚上有道，因而被赏识，被重用；有的人恃才傲物，自以为清高，然

而英雄无用武之地，才华被埋没于荒冢。

有一次，少年司马光跟小伙伴们在后院里玩耍。院子里有一口大水缸，有个小孩爬到缸沿上玩，一不小心掉到缸里。缸大水深，眼看那孩子快要没顶了。别的孩子们一见出了事，吓得边哭边喊，跑到外面向大人求救。司马光却急中生智，从地上捡起一块大石头，使劲向水缸砸去，“砰!”水缸破了，缸里的水流了出来，被淹在水里的小孩也得救了。小小的司马光遇事沉着冷静，从小就是一副小大人模样。这就是流传至今“司马光砸缸”的故事。这件偶然的事件使小司马光出了名，东京和洛阳有人把这件事画成图画，广泛流传。

还有一个故事名字叫“曹冲称象”。故事讲的是，一天，东吴的孙权送给曹操一头大象，曹操看了大象半天，问部下：“谁能称出大象的重量?”一个部下回答说：“把大象杀了，再割成几块，就可以称出大象的重量了。”曹操大怒说：“那大象不就死了吗?”这时，只听见一个奶声奶气的声音说：“我有办法。”原来是曹操六岁的儿子曹冲。

曹冲命人将大象牵到一艘船上，船下沉了，在船齐水的地方刻下一个记号。再让人把大象牵下来。然后将石头一块一块搬到船上，等船沉到刻记号的地方，就把这些石头搬下来，分别称出石头的重量，再算出总重量，这就是大象的重量了。曹冲的做法得到了曹操的赞许。

这两个故事有一个相似之处，就是司马光和曹冲年少时就已经显示出了他们看问题的不同之处，他们所遇到的问题，大人都解答不了，而他们却沉着冷静，善于思考，最后完美地解决了问题，真正体现了他们少年的“老成”，实在令人佩服。

曹冲的确是个聪明的孩子。但除了聪明之外，曹冲有少年人难得的宽厚仁慈的一面。

一次，曹操坐骑的马鞍放在仓库中，不慎被老鼠咬坏。库吏大惊失色，自认必死。曹冲知道后，心生一计：他先用利刃将自己穿的单衣戳成鼠齿状，然后装成一脸愁色的样子去见父亲。曹操问他何事忧虑，曹冲说：“世俗以为鼠齿衣者，其主不利。今单衣见齿，是以忧戚。”曹操赶紧安慰爱子，说：“此妄言耳，无所苦也。”过了一会儿，库吏前来报告曹操那桩马鞍被鼠咬坏一事，曹操听后，笑着说：“连我儿子的单衣都被咬坏，何况马鞍乎?”根本

没有追究的意思。据说，每当曹冲见到当刑者，总要上前询问是否冤枉，是否处理过重，如是，他就要想方设法为之救命或减刑；每当见到那些勤奋而能干的官吏因小过或失误而触犯法律，他都要亲自到曹操那里说情，请求父王宽大。史书称曹冲“辨察仁爱，与性俱生，容貌姿美，有殊于众，故特见宠异”。这种悲悯宽厚的气质在一个十几岁的孩子身上体现出来，简直催人泪下。

所以，少年也要“老成”，成熟的少年是智慧的，是有远见和谋略的。

做人要低调，不要强出风头

中国的古人很喜欢讲“非淡泊无以明志，非宁静无以致远”，意在强调一种“低调”的生活状态。

专家认为，现在的年轻人大多是独生子女，从小支配欲和占有欲都很强，这会使同龄人或水平接近的同事对他们心存防备，让他们在竞争中反而陷于不利的境地。“因此，年轻人走上社会后，一旦发现不能适应社会，就开始崇尚‘低调’，这也是他们心理成熟的标志之一。”

有人也许会问，让天生斗志昂扬的人保持“低调”是否会让他们觉得压抑、丧失进取心？其实，常言道，“低调做人，高调做事”，需要收敛的只是对自己的宣传，转而把更多精力投入实事中去。做人要低调些，不要太张扬了，否则自己会孤立无助的，处理事情尽量要低调，静静地做好自己的分内之事，等做到了再说，不要只夸海口，否则会有苦果的。

低调做人，不张扬是一种修养、一种风度、一种文化、一个现代人必需的品格。没有这样的一种品格，过于张狂，就如一把锋利的宝剑，好用而易折断，终将在放纵、放荡中悲剧而亡，无法在社会中生存。

山不解释自己的高度，并不影响它的耸立云端；海不解释自己的深度，并不影响它容纳百川；地不解释自己的厚度，但没有谁能取代它负载万物的地位。

人生在世，我们常常产生想解释点什么的想法。然而，一旦解释起来，却发现任何解释都那样苍白无力，甚至还会越抹越黑。因此，做人不需要解释，便成为智者的选择。低调做人，是一种品格，一种姿态，一种风度，一种修养，一种胸襟，一种智慧，一种谋略，是做人的最佳姿态。欲成事者必须要宽容于人，进而为人们所悦纳、所赞赏、所钦佩，这正是人能立世的根

基。根基坚固，才有繁枝茂叶，硕果累累；倘若根基浅薄，便难免枝衰叶弱，不禁风雨。而低调做人就是在社会上加固立世根基的绝好姿态。低调做人，不仅可以保护自己、融入人群，与人和谐相处，也可以让人暗蓄力量、悄然潜行，在不显山不露水中成就事业。

低调做人，就是用平和的心态来看待世间的一切，修炼到此种境界，为人便能善始善终，既可以让人在卑微时安贫乐道，豁达大度，也可以让人在显赫时盈若亏，不骄不狂。

深藏不露，是智谋。过分地张扬自己，就会经受更多的风吹雨打，暴露在外的椽子自然要先腐烂。一个人在社会上，如果不合时宜地过分张扬、卖弄，那么不管多么优秀，都难免会遭到明枪暗箭的打击和攻击。

出头的椽子易烂。时常有人稍有名气就到处扬扬得意地自夸，喜欢被别人奉承，这些人迟早会吃亏的。所以在处于被动境地时一定要学会藏锋敛迹、装憨卖乖，千万不要把自己变成对方射击的靶子。

财大不可气粗，居功不可自傲。不可一世的年羹尧，因为在做人上的无知而落得可悲的下场，所以，才大而不气粗，居功而不自傲，才是做人的根本。

盛名之下，其实难副。在积极求取巅峰期的时候，不妨思及颜之推倡导的人生态度，试图明了知足常乐的情趣，捕捉中庸之道的精义，稍稍使生活步调快慢均衡，才不易陷入过度偏激的生活陷阱之中。

乐不可极，乐极生悲。在生活悲欢离合、喜怒哀乐的起承转合过程中，人应随时随地、恰如其分地选择适合自己的位置，起点不要太高。正如孟子所说的：“可以仕则仕，可以止则止，可以久则久，可以速则速。”

做人要懂得谦逊。谦逊能够克服骄矜之态，能够营造良好的人际关系，因为人们所尊敬的是那些谦逊的人，而绝不会是那些爱慕虚荣和自夸的人。规避风头，才能走好人生路：老子认为“兵强则灭，木强则折”、“强梁者不得其死”。老子这种与世无争的谋略思想，深刻体现了事物的内在运动规律，已为无数事实所证明，成为广泛流传的哲理名言。

低调做人，便可峰回路转。在待人处世中要低调，当自己处于不利地位，或者危险之时，不妨先退让一步，这样做，不但能避其锋芒，脱离困境，而且还可以另辟蹊径，重新占据主动。

要想先做事，必须先做人。做好了人，才能做事。做人要低调谦虚，做事要高调有信心，事情做好了，低调做人水平就又上了一个台阶。

人外有人，天外有天，我们懂得的一切都没有什么了不起的，不值得高傲。“越丰满的稻穗，头垂得越低。”人也当如此，越优秀，越要学会弯腰。

处处逞强会让你陷入难堪

在长满荷花的池塘里，住着一只很大的青蛙，他非常喜欢吹牛。这一天，他正蹲在荷叶上，呱呱唱个不停，一只蜻蜓从远处飞来，看见青蛙，忍不住惊讶地说："这个青蛙可真大呀！"青蛙听见了，神气十足地说："那当然了！"过了一会，一只金鱼游过来，眼睛瞪得大大地说："看哪！一只好大好大的青蛙！"青蛙听了，眼睛眯得更细了，肚皮鼓得更高了："哈哈，那还用说吗？"就在这时，一头水牛到河边喝水，蜻蜓、金鱼都说："大水牛，大水牛来了！"青蛙一听，不乐意了："刚才不是说我大吗？"蜻蜓反驳说："可是水牛确实很大呀！"青蛙不服气地问："有我大吗？"金鱼哈哈大笑："你哪能和水牛比呀！他比你大多了！"青蛙一听，气得乱跳，他才不承认有谁比自己大呢！他要和水牛比一比，于是使劲吸气、鼓气，肚子越来越大。蜻蜓和金鱼害怕极了，赶紧劝他："别比了，别比了！"青蛙说："为什么不比？""青蛙和水牛根本就没法比啊！"正说着，突然，砰的一声，青蛙的肚皮撑破了。

这就是逞强的后果，生活中爱逞强的人往往会给自己带来难堪。

章程和他的老婆走出门，准备到市场买菜，可是刚下楼就碰上了自己的顶头上司王局长。"王局，这么巧？"章程忙笑着打招呼。"是啊！你住在这个小区？"王局长笑说，"对了，你们这是……""哦，想去买点菜。王局，今晚到我家吃个便饭吧？"章程笑说。"好好好。"王局长一听很高兴，马上说，"刚好今晚我老婆不在家。什么时候开饭？现在我还有点小事，5 点半我就到！"说完，王局长就匆匆走了。

"你怎么叫王局长到我们家来吃饭？"看王局长走远，章程的老婆便埋怨起丈夫。"你看，我不是说去买菜了吗？我只是礼貌性地问，谁知道王局长他真的就答应来了，"章程苦着脸，不敢看老婆的脸。"我看你怎么办！"老婆气

道。章程不再说什么，不管怎么样只能好好准备了。来到市场，夫妻俩为了买什么菜又吵了起来。

“至少要买只鸡吧！不能太过寒酸了，人家是领导。”章程说。“你懂啥？卖鸡？真是书呆子！人家做领导的啥鸡没吃过？恐怕连赵本山那只会下蛋的公鸡都吃过了！”老婆说。“那你说买啥？”章程问。“我怎么知道？你找的事儿，你自己想。”老婆很不高兴。“都啥时候了你还说这些干吗？”章程有些气了。“好好好。那就买两斤海鲜，再买些山货，咳，鸡还是不能少的……买几斤好点的青菜。”老婆拿定主意，于是，两人忙着寻找哪有便宜点的。好不容易终于买完了，粗粗一合计已去了两百多，老婆心疼得不住地骂章程。

“别说了，回去吧！”章程气道。“走？你忘了一样东西了吧？”老婆没好气地说。“唉，你就快说吧，忘了买啥？”章程大声地说。“菜有了，就不用酒光吃菜？”老婆说。章程一拍脑门：“该死，差点忘了酒！这王局长可是个有名的无酒不成餐，没有酒，他是不去吃的。”“行了，去买吧！”老婆催章程去买。章程数了数钱包里的钱，只有一百来块了，这下他可为难了，这点钱能买什么酒？最后还是老婆拿主意：王局长什么名酒都喝过了不如买几斤三花酒。章程觉得有理，于是就买了几斤三花酒。

酒菜买完了，章程夫妻匆匆赶回家，到家一看表，差 20 分钟就 5 点半了，赶紧忙了起来。章程杀鸡做菜，老婆整理餐桌摆好餐具。时间过得很快，转眼就是 5 点半了，可是还没见王局长到。

“王局长一向是时间观念极强的，怎么还没来？”章程奇怪地对妻子说。“晚一点也好，菜不是没做好吗？”老婆说。一会儿，所有的菜都做好了，可是，仍不见王局长来。正在他们焦急地等待的时候，电话响了，章程冲过去拿起电话：“喂，是王局长吗？什么？你有事来不了？好……好，没什么没什么，王局那你忙吧！什么？你明晚一定来？”章程慢慢地放下电话……

“这酒菜怎么办？”老婆急问。“还能怎么样？放开肚皮吃呗！明晚还有呢！”章程无可奈何地走向餐桌……

有的时候千万不能逞强，它只会让你陷入难堪，大家一定要记住哦！

很少有人去欣赏墙角里的玫瑰

有很多人虽然具有较高的水平和智力，却由于害羞而封闭自己，这样做对于自己的成长是非常不利的，没有人会去欣赏墙角的玫瑰，适当地表现自己，让别人认识你、了解你。

做人是应该内敛，应该“留有余地”，不应该锋芒毕露。但是千万不可以因为害怕而封闭自己。俗话说得好，“该出手时就出手”，我们没必要夸张地抬高自己，更没必要刻意隐蔽自己。适当地表现自己，让别人发现你隐藏的才能，这对你绝对有益无害。

我们绝大多数人都有自己的理想和目标，但人生的第一步是必须学会醒目地亮出自己，为自己创造机会。

这是一个人参加一期培训时遇到的一件事。

培训时间，安排了一位专家作讲演。作讲演的人总希望有人配合自己，于是他问：“在座的有多少人喜欢经济学?”可没有一个人响应。但我知道，我们当中很多人，包括我朋友也是从事经济工作的，到这儿来的目的就是“充电”。可由于怕被提问，大家都选择了沉默。专家苦笑了一下，说：“我先暂停一下，讲个故事给你们听。”

“我刚到美国读书的时候，大学里经常有讲座，每次是请华尔街或跨国公司的高级管理人员来讲演。每次开讲前，我都发现一个有趣的现象——我周围的同学总是拿一张硬纸，中间对折一下，让它可以立着，然后用颜色很鲜艳的笔大大地用粗体写上自己的名字，再放在桌前。于是，讲演者需要听讲者回答问题时，他就可以直接看着名字叫人。”

“我对此不解，便问旁边同学。他笑着告诉我，讲演的人都是一流的人物，和他们交流就意味着机会。当你的回答令他满意或吃惊时，很有可能就

暗示着他会给你提供比别人多的机会。这是一个很简单的道理。”

“事实也正如此，我的确看到我周围的几个同学，因为出色的见解，最终得以到一流的公司任职。”

专家讲完故事之后，我看到不少人都举起了自己的手。

这个故事让我突然明白了许多。确实，在人才辈出、竞争日趋激烈的情况下，机会一般来说不会自动找到你。只有你自己敢于表达自己，让别人认识你，吸引对方的注意，才有可能寻找机会。

约翰尼是一家连锁超市的打包员，他利用自己所学的计算机知识，设计了一个程序，他把自己寻找的“每日一得”都输入计算机，再打上好多份，在每一份背面都签上自己的名字。第二天他给顾客打包时，就把那些写着温馨有趣或发人深省的“每日一得”字条放到买主的购物包中。一个月之后，连锁店里发生了一种奇怪的现象——无论在什么时间，约翰尼的结账台前排队的人总要比其他账台多好多倍。值班经理很不理解，就大声对顾客说“大家多排几队，请不要都挤在一个地方。”可是没有人听他的话，顾客们说“我们都排约翰尼的队，因为我们想要他的‘每日一得’。”

我们经常为推销不出自己而烦恼，总认为自己很努力，但推销效果甚微。打包员推销成功的秘诀归纳起来有两点：一是时刻想着为顾客创造快乐，二是与众不同的推销方式。

我想我们绝大多数人都有自己的理想和目标，但人生的第一步是必须学会醒目地亮出自己，为自己创造机会。说到底，这是一种观念：是主动出击还是被选择？其实，这在很大程度上决定着你的成功与否。

美国有一位大学毕业生急于找到工作。一天，他跑到一家报馆自我推荐。

他找到一位经理问道：

“你们需要一个好编辑吗？”

“不需要！”

“那么记者呢？”

“不，我们这里现在什么空缺也没有！”

“那么，你们一定需要这个东西。”大学生拿出一块精致的牌子，上面写着：“额满暂不雇用。”

经理感到眼前的这位小伙子很有意思，便立刻打电话把这件事报告给老

板，随后，他笑嘻嘻地对大学生说：“如果愿意，请到我们广告发行部来工作。”

这位青年用幽默推销自己，终于打破了僵局，找到了工作。后来，他成了那家报馆出色的经理，使报纸的日销售量从 5 万份左右提高到 30 多万份。

学会推销自己，并非一句空洞的说教。推销自己的过程，其实就是一次全面展示自己的才学、品行、智慧的过程，在这里是无法临时抱佛脚式地应付的。

羞怯自闭只会作茧自缚

对于那些害怕危险的人，其实危险无处不在。

有一天，龙虾与寄居蟹在深海中相遇，寄居蟹看见龙虾正把自己的硬壳脱掉，露出娇嫩的身躯。寄居蟹非常紧张地说：“龙虾，你怎可以把唯一保护自己身躯的硬壳也放弃呢？难道你不怕有大鱼一口把你吃掉吗？以你现在的情况来看，连急流也会把你冲到岩石去，到时你不死才怪呢！”龙虾气定神闲地回答：“谢谢你的关心，但是你不了解，我们龙虾每次成长，都必须先蜕掉旧壳，才能生长出更坚固的外壳，现在面对的危险，只是为了将来发展得更好而作出准备。”寄居蟹细心思量一下，自己整天只找可以避居的地方，而没有想过如何令自己成长得更强壮，整天只活在别人的护荫之下，难怪永远都限制自己的发展。

每个人都有一定的安全区，你想跨越自己目前的成就，请不要画地自限，勇于接受挑战充实自我，你一定会发展得比想象中更好。

一个人不能自卑，千万不要三教九流地划分什么层次，并把自己归为某个层次来限制自己的能量。我们说一个人有精神，是指他呈现出一种积极的、向上的状态。表现在对人上他是大度、和善的；体现在对事上他是努力、敢于担当而不畏困难的。这样的有精神的人，能够形成吸引他人与之交往或者共事。要能看到我们这个时代缺些什么东西，然后我们可以做到哪些事情，不要偷奸耍滑，绕到边上去。软绵绵的人、奸猾的人，没有人敢与他搭伙做事。

自信的人敢于说真话，即使真话伤害了他人，别人最终还是会信任你，因为他能把握住你。自信的人不怕暴露自己的个性，敢于真实暴露自己的内心。我说的话，都是我心里想的，不会迎合谁去说。个性是以真实为基础的。

如果你真实，不要怕你的个性被发现。从市场交换来看，我们有一个原则，就是差异交换。你有一个梨子，我有一个苹果，才能发生交换，如果大家都只有梨子，就不会交换了。自信的人敢于拿出自己的苹果。

花木兰的爸爸对花木兰说："树上开的花，每一朵花都是独特的，你可能是最晚开的那一朵，可是一定是最漂亮的！"这句话说得非常好，是个大道理。现在都讲张扬个性，我觉得个性不一定非要有意张扬，还是自然存在比较好。个性和自我是不一样的。个性是你客观存在的特征，你是个诚实的人，是机灵的人，或者说话爱眨眼的人，这些自然出现的个性，是你的标志。但是一鼓动大家去张扬个性，可能个性就变成一种主观设定了。他是个短头发，可是为了表现与众不同而留一头长发。而这种个性不是他本身具有的，只是一种最新的开发和设计。我们可以欣赏他对自己形象的创新，但要说这是他的个性，就不靠谱了。个性是固有的和恒定的个体特征，是彼此了解和把握的依据，要是这个依据都可以随意设计，人就真的不能信任了。

有的时候，我们真的需要通过一种途径，来打开自己，坦然地面对心灵上的疮疤和过往的纠结。

从前，有两只小青蛙，溜到农民的房子里玩。他们站到一个坛子的沿儿上跳舞时，不小心掉到里面。里面装的是油，黏糊糊的，坛子的内壁滑溜溜的。他们想跳出来，油太黏；想爬出来，壁太滑。几经尝试，没有结果。青蛙A一边游一边想，看来今天是没希望了，怎么也出不去了。又勉强游了一会儿，他想，反正也没希望了，还游什么呢？这样想着，四肢越发划不动了。青蛙B呢？他想，今天真糟糕，怎么都出不去。可是总得做点什么，还是继续游吧！也许会找到办法。四肢虽然很累了，可他还是坚持游着。边游边想，反正只要还有力气，不管怎样，我都要游下去。就在他几乎划不动了的时候，他的后腿碰到了坚实的固体。原来，黄油在他们的不停搅动下，凝固了。后来，青蛙B踩在黄油上跳出了坛子，独自回家了。

其实，从生物学的角度看，人不自信是必然的。人出生时，比任何其他生物物种都要孱弱。除了能哭并四肢乱动外，人类的婴儿几乎什么都不会，甚至有的婴儿连吸吮母乳都不会。他完完全全依赖别人才能活下来。所以他完完全全是不自信的。没有哪一个人是能逃脱这个规律的。但从心理学的角度看，人又是在不断积累着自信的。一个小小的婴孩，学会了站立，学会了

说话，学会了奔跑。每一次成功，都给他带来一点自信。所以，每个人的身上都混合着自卑与自信。

健康的人格并不是没有自卑的人，而是了解自己的局限并坦然接受的人。认识自己的局限，并接受自己的局限，了解自己的所长，并坚持自己的所长。不去做力所不能及的事，但要把力所能及的事做好，这才是充满自信魅力的人。

抬起头，让别人看清你

在人们的印象中，名人都是非常自信的，像毛泽东“自信人生二百年，会当击水三千里”，如李太白“天生我材必有用，千金散尽还复来”。其实不然，许多名人早期都曾经自卑过，或很长时间在自卑的泥潭中挣扎。

再如牛顿，一谈到他，人们可能就认为他小时候一定是个“神童”、“天才”、有着非凡的智力。其实不然，牛顿童年身体瘦弱，头脑并不聪明。在家乡读书的时候，很不用功，在班里的学习成绩属于次等。但他的兴趣是广泛的，游戏的本领也比一般儿童高。平时他爱好制作机械模型一类的玩意儿，如风车、水车、日晷等。他精心制作的一只水钟，计时较准确，得到了人们的赞许。

有时，他玩的方法也很奇特。一天，他做了一盏灯笼挂在风筝尾巴上。当夜幕降临时，点燃的灯笼借风筝上升的力升入空中。发光的灯笼在空中流动，人们大惊，以为是出现了彗星。尽管如此，因为他学习成绩不好，还是经常受到歧视。

当时的英国等级制度很严重，中小学里学习好的学生，经常歧视学习差的同学。有一次课间游戏，大家正玩得兴高采烈的时候，一个学习好的学生借故踢了牛顿一脚，并骂他笨蛋。牛顿的心灵受到这种刺激，愤怒极了。他想，我俩都是学生，我为什么受他的欺侮？我一定要超过他！从此，牛顿下定决心，发奋读书。他早起晚睡，抓紧分秒、勤学勤思。

经过刻苦钻研，牛顿的学习成绩不断提高，不久就超过了曾欺侮过他的那个同学，名列班级前茅。

十几年前，他从一个仅有 20 多万人的北方小城考进了北京的大学。上学的第一天，邻桌女生的第一句话就问他：“你从哪里来？”而这个问题正是他

最忌讳的，因为按他的逻辑，出生在小城肯定会被那些来自大城市的同学看不起的，就是因为这个女生的随口一问，他一个学期都不敢和同班的女生说话，更别说交往了。以致一个学期结束的时候，许多同班的女生都不认识他！

很长一段时间，自卑的影子占据着他的心灵。

二十年前，她也在北京的一所大学读书。大部分日子里，她都在疑心和自卑里度过。她怀疑同学们暗地里嘲笑她，笑她肥胖的身体走起路来太难看。

她不敢穿裙子，不敢上体育课。大学最后一个学期结束的时候，她差点毕不了业。不是因为她功课太差，而是因为她不敢参加体育长跑测试！老师甚至对她说"只要你跑了，不管你跑多慢，都算你及格"。可她就是不跑。她怕自己肥胖的身体跑起路来会显得太过愚笨，会遭到男生嘲笑。

再后来，很多年过去了，在一场电视晚会上，她和他相遇了，她对他说："要是那个时候，我们是同学，可能是永远不会说话的两个人，你会认为，人家是北京城里的姑娘，怎么会看得上我这个农村来的穷小子呢？而我则会想，人家长得那么帅，哪里会瞧得上我？"

他现在是中央电视台著名节目主持人，他主持节目给人印象最深的就是从容自信，亲切自然，他的名字叫白岩松。

她现在也是中央电视台著名节目主持人，而且是第一个完全依靠才气而丝毫没有凭借外貌走上央视主持人岗位的，她的名字叫张越。

原来是他们。

著名歌星王菲说，她也曾自卑过，因为她觉得自己不聪明，18 岁时勉强考上一所不出名的大学，没有去上，到现在也没有一个正经学历。她觉得自己没有毅力，减肥通常不超过一周就打退堂鼓，明知抽烟不好，却总也戒不掉。她觉得自己不擅长交际，尤其不会讲话，不善于和媒体沟通，因此总给人耍大牌的感觉。

德国天才哲学家尼采出生于一个牧师之家，自幼性情孤僻，多愁善感，纤弱的身体使他总是有一种自卑感。他曾狂热地追求过一个美丽的姑娘，但因为表达感情时太笨拙，最终没有成功，这使他更加自卑。因此，他一生都在追寻一种强有力的人生哲学，来弥补自己内心深处的自卑。

但是，后来他们都大获成功了。白岩松、张越成了中央电视台著名节目主持人，经常对着全国几亿电视观众侃侃而谈。王菲如今被称为歌坛天后，

拥有无数“粉丝”，唱歌演戏都很成功，所到之处万人追捧。尼采成了著名哲学家，他打破了以往哲学演变的逻辑秩序，凭自己的灵感作出独到的理解，写了许多文笔优美、寓意隽永的著作，并大胆宣称：上帝死了！

因为他们没有怨天尤人，没有自暴自弃，而是勇敢地走出自卑，超越自卑，战胜自卑，因为自卑而产生的压力和动力使他们比别人更努力，更发奋，付出更多，也收获更多。所以，曾经有过自卑并不可怕，可怕的是永远沉溺其中，不能自拔。

努力做一个真正的王者

永远不要抱怨，因为这个世界从来就不存在公平。我们要做的是挺起胸膛，昂起头，用正确的方式去抗争，去崛起，向世界展示什么是真正的王者！

4：2战胜巴里，从五场禁赛中复出的内德维德梅开二度，并且策动了第一个进球，最后还为博季诺夫创造了一次绝杀的机会，可惜后者没能把握。全场比赛，内德维德都无处不在。

内德维德是本场比赛真正的英雄，铁人的回归丰富了尤文的战术打法，皮耶罗也得到更大激发和释放，大大改变了最近一段尤文因为众多主力受伤，比赛场面艰难的情况。虽然后防线依然不让人放心，虽然布冯还坐在替补席上养伤。有铁人坐镇的尤文更加具备势不可挡的冲击力，更加稳健，即使在开场一球落后的情况下。

当时的尤文是一支年轻缺少经验的球队，作为球队年纪最长的老将，内德维德用自己的行动给尤文青年军上了最好的一课。从吃到红牌后的据理力争，到对五场禁赛上诉的失败，但最初满腔义愤的捷克铁人没有因不公而消沉。两个月积蓄的力量在重返赛场的一刻彻底爆发。也许没有人可以想象一个34岁的球员可以如此斗志旺盛奔跑拼抢90分钟，但是内德维德做到了。当内德维德带球突入禁区，第一脚踢空了之后，立刻第一时间在两名后卫脚下抢下皮球，左脚劲射。进球后的内德维德在空中兴奋得挥舞着铁拳，也在宣泄着自己的愤怒。那一声声咆哮是向不公的控诉，更是对王者的证明……当内德维德打进了他本场比赛的第二粒进球，铁人第一时间冲出球场和球迷一起分享，又和队友紧紧相拥，那一次次振臂，是不屈的抗争，更是对尤文队球迷深深的热爱。

每一个尤文的球员你们看到了吗？不管外界将多少压力压在我们身上，

不管面对的环境有多么黑暗，不管有多少人想出各种方法暗算我们，请以德哥为榜样，让满腔热血在球场上迸发。每一个尤文球迷，让我们也以内德维德为榜样，不管受到外界多少误解和奚落，不管为此曾承担了多少，请用不变的爱陪尤文一起走过。

刘邦幼年时性格豪爽，不太喜欢读书，但对人很宽容。他也不喜欢下地劳动，所以常被父亲训斥为“无赖”，说他不如自己的哥哥会经营，但刘邦依然我行我素。刘邦长大后，经考试做了泗水的亭长，时间长了，和县里的官吏们混得很熟，在当地也小有名气。刘邦的心胸很大，在一次送服役的人去咸阳的路上，碰到秦始皇大队人马出巡，远远看去，秦始皇坐在装饰精美华丽的车上威风八面，羡慕得他脱口而出：“大丈夫就应该像这样啊！”

刘邦以亭长的身份为沛县押送徒役去骊山，徒役们有很多在半路逃走了。刘邦估计等到了骊山也就会都逃光了，所以走到丰西大泽中时，就停下来饮酒，趁着夜晚把所有的役徒都放了。刘邦说：“你们都逃命去吧！从此我也要远远地走了！”徒役中有十多个壮士愿意跟随他一块走。刘邦乘着酒意，夜里抄小路通过沼泽地，让一个在前边先走。走在前边的人回来报告说：“前边有条大蛇挡在路上，还是回去吧！”刘邦已醉，说：“大丈夫走路，有什么可怕的！”于是赶到前面，拔剑去斩大蛇。大蛇被斩成两截，道路打开了，继续往前走了几里，醉得厉害了，就躺倒在地上，后边的人来到斩蛇的地方，看见有一老妇在暗夜中哭泣。有人问她为什么哭，老妇人说：“有人杀了我的孩子，我在哭他。”有人问：“你的孩子为什么被杀呢？”老妇说：“我的孩子是白帝之子，变化成蛇，挡在道路中间，如今被赤帝之子杀了，我就是为这个哭啊！”众人以为老妇人是在说谎，正要打她，老妇人却忽然不见了。后面的人赶上了刘邦，刘邦醒了。那些人把刚才的事告诉了刘邦，刘邦心中暗暗高兴，更加自负。那些追随他的人也渐渐地畏惧他了。

后来他在秦末农民战争中起义，登高一呼，天下英雄云集于麾下，称“沛公”；公元前 207 年 12 月，刘邦所率义军率先攻入秦都咸阳，公元前 206 年被义军盟主项羽封为汉王，封地为汉中、巴蜀（因此在战胜项羽后建国时，国号定为“汉”）；公元前 202 年称帝，定都洛阳，后迁都长安。登基后，刘邦采取的休养生息的宽松政策，不仅安抚了人民、凝聚了中华，也促成了汉代雍容大度的文化基础。可以说刘邦使四分五裂的中国真正地统一起来，而

且还逐渐把分崩离析的民心凝集起来。他对汉民族的形成、中国的统一强大，汉文化的保护发扬有决定性的贡献。公元前 202—前 195 年在位，共 7 年。

"土霸王"和"王者"其实中间只隔了一条线，要做"王者"还是"土霸王"要看你自己的选择，纵观历史的长河，让我们记住的是那些为了百姓利益而奋斗的英雄们，而那些为了自己的私利而损害百姓利益的人永远被我们所唾弃，希望每一位青少年都争做真正的"王者"。

严守法律的底线

青少年的犯罪率居高不下已不是什么新鲜问题了，但这仍是当今社会最普遍、最严峻的问题之一。

第二次世界大战后，尤其是近几年，随着现代化进程的不断加快，在世界各国均形成了犯罪低龄化的趋势。25 岁以下的青少年是犯罪大军的主体。青少年犯罪已经成为席卷全球、具有共同性的社会问题，他被不少犯罪学家和刑法学家喻为难以医治的“社会痼疾”。无论是在一些发达的资本主义国家还是处在发展中的国家，大都面临着青少年犯罪迅速增多，犯罪率日益攀升的严重状况。

青少年这个概念在犯罪学中一般是指已满 14 周岁而不满 25 周岁的人。这个概念包含“青年”和“少年”两个年龄段的人群，横跨了未成年人和成年人两个年龄区域。

未成年人在法律上的含义是指已满 14 周岁又未满 18 周岁的人，他们刚刚走上生理和心理的成熟之路，初步具有辨别是非的能力。但也仅只限于“初步”，所以易受外界因素的干扰，往往容易“近朱者赤，近墨者黑”。

而已满 18 周岁，未满 25 周岁的人则属于青年范畴，他们的是非观、世界观较之未成年人已大大成熟，但仍处于一种很不稳定的状态，需要进一步加以巩固。

这一年龄阶段的人基本上处于由未成年人向成年人过渡的阶段。从人的生理变化来看，青少年身体各个器官的成长速度急剧上升或发育趋于成熟，身高、体重、胸围增加；性激素分泌水平明显提高，第一、第二性征表现明显。生理发展走向成熟。从人的心理变化来看，青少年的求知欲旺盛，好奇心强，社交需求增加，对他人的认可与尊重的需求加强；有虚荣心，性意识

进一步增强，喜欢刺激，富于幻想，模仿力强，易受暗示；好胜心强，易冲动，好感情用事。有很强的独立意识，但分析、判断、辨别能力尚不完备，认识问题直观、片面，其认知结构、情感结构和理智等方面均不够成熟。总之，青少年的生理和心理水平处在一个趋于成熟而又不够完善、稳定的阶段。不成熟、不稳定是青少年的身心特点。

从青少年所处的社会环境来看，在教育上，由于基本上接受了九年义务教育，因而具备了一定的科学文化基础，一少部分还接受了高等教育，具有高级、专业的科学文化水平，因为各方面原因而未受过教育的只占其中的一小部分。但在接受教育的青少年当中，中途辍学和实际受教育质量不高的也为数不少。在经济上，大部分青少年未获得经济上的独立，其经济来源依赖于家庭；有经济收入的，也往往收入很低，积蓄微薄。另外，大多数青少年没有形成正确的消费观念。从总体上来看，青少年的经济基础相对薄弱，消费观念不够成熟。在社会上，由于青少年的年龄小，阅历浅，因而他们不可能拥有较高的社会威望和社会地位。在人格上，大多数青少年至少要受到家庭、学校、社会三方面的管束，虽然青少年有着强烈的独立意识，但在外界环境的诸多约束下，尚未形成完整的独立人格。经济基础相对薄弱，社会地位低下与独立人格不完全是青少年的社会特征。

犯罪的形成是多种复杂原因共同作用的结果。青少年的身心特点和社会特点决定着其内在动因上的不稳定性和外在诱因上的易受感染性。由于青少年心理结构不成熟、不稳定，社会阅历浅，对问题认识直观、肤浅、片面，使其在面对较为复杂的问题时，一方面，自己往往缺乏冷静的思考与正确的分析、判断，容易形成错误的念头，产生错误的结论，从而导致错误的行为。另一方面，青少年分析、判断能力不成熟，独立人格不完善以及经济上的依附性使其抵制诱惑与判断正误、是非的能力相对低下，容易被表面现象所迷惑，被复杂现象所困扰，加上自身强烈的独立意识与好胜心，易冲动而不理性的个性特征，常常在已经作出错误的决策和行为时难以接受家人和其他人的劝阻，不知悔改，一意孤行，最终导致犯罪；或是自己能够察觉自身的行为欠妥，但在“哥们义气”、“两肋插刀”、“有福同享，有难同当”等片面思想的支配下，感情、意气用事，不计后果，将错就错。我们知道，矛盾普遍存在于客观事物中，并且贯穿于事物发展的始终。形成犯罪的多种原因实际

上是贯穿于犯罪始末的多对矛盾，犯罪的形成、发展正是这些矛盾共同作用的结果。就青少年犯罪而言，这些矛盾具体表现在迅速发育的生理水平与相对落后的心理水平的矛盾，不完备的独立人格与强烈的独立意识的矛盾，不够强大的智力、体力与强烈的好胜心的矛盾，薄弱的经济水平与不健康的消费观念的矛盾，低下的社会地位与渴望得到他人尊重的矛盾，强烈独立意识与多重的外界约束力的矛盾，等等。

青少年朋友们，我们应该爱惜自己，严守法律底线，做合格的青少年。

第九章

懂得节俭，杜绝攀比风气

节俭是我们中华民族几千年来一直提倡并保持下来的传统美德，我们的先辈在创造了灿烂文明的同时，也从历史的变迁、世事的兴衰中认识到了节俭的必要性。从提出“惰而侈则贫，力而俭则富”的管仲到告诫“俭节则昌，淫逸则亡”的墨子；从主张“强本而节用，则天不能贫”的荀况到写下“历览前贤国与家，成由勤俭败由奢”的李商隐；从《朱子家训》到曾国藩家书，不论在哪个朝代，节俭总是被看做持家立业之根本，安邦定国之保证，一种应该代代相传的美德。两千多年前的《左传》中就有“俭，德之共也；侈，恶之大也”的论述。

生活节俭是一个人良好的个人修养的体现。三国时诸葛亮曾在《诫子书》中说过：“静以修身，俭以养德。”这正体现出节俭对于提高自身道德修养的重要作用。事实上，自古以来，凡品德高尚者，大都注意勤俭节约。节俭是一种优秀的品德，它磨炼我们的意志，使我们受益终生。

节俭是永不过时的美德

人类社会总是不断发展，物质生活也日益丰富，人们的生活方式和消费观念也在不断变化，这是毋庸置疑的事实。但这与提倡节俭并不矛盾，讲节俭就是要珍惜人类有限资源和人类自身的劳动成果，就是要从我们先辈的优良传统中继承和发扬艰苦奋斗的精神。

下面讲的是几个为人勤劳俭朴的故事，希望我们能从中读懂他们的精神。

电视纪录片《毛泽东》有这样一个镜头，毛泽东的保健医生拿起一条毛泽东生前用的毛巾毯，上面满是补丁。他说他曾多次劝主席换条新的，都被拒绝了。这是毛泽东真实生活的写照。毛泽东在延安时穿的一套旧军装洗得发白，补丁就有 16 块。他的一双旧拖鞋，鞋底都出了洞，鞋帮绽了线，缝补好继续穿。

他曾说："一条毛巾毯我换得起，但共产党人艰苦奋斗的精神丢不起。"

徐特立，字师陶，湖南长沙人。无产阶级革命家、教育家。有《徐特立教育文集》传世。他注重品德修养，平生俭朴。他在湖南第一女子师范学校当校长时写过一首《粉笔诗》抄在黑板上，公布在校园里：

半截粉笔犹爱惜，公家物件总宜珍。
诸生不解余衷曲，反为余是算细人。

他在每天巡视全校时总是把别人抛弃的粉笔头捡起装在口袋里留给自己上课用。他在湖南第一女子师范的几年里，差不多没有用过一支新粉笔。有些学生不理解，反而觉得他太"小气"。因此徐特立特写诗教育学生。

同样俭朴的还有冯玉祥，他曾先后任北洋军旅长、师长，陕西、河南督

军，国民军总司令，国民党第二集团军总司令，国民政府军事委员会副委员长等职。他虽身居高位，但生活俭朴。

1932年10月，他从山东泰山到张家口，找他的老部下佟麟阁，商讨组织抗日同盟军的问题。因为冯突然而至，佟夫人未作准备，问如何接待冯玉祥。佟麟阁说：“还是老样，小米面窝窝头，外加大萝卜咸菜招待他。”冯玉祥吃得很香。夸奖佟麟阁说：“你不愧是我的好部下，做了大官还没丢农民的本色。

弗拉基米尔·伊里奇·列宁，是世界无产阶级革命导师和领袖。俭朴伴随着他传奇的一生。当时人们经常看到他穿一件退色的旧大衣。在这件大衣上还留有三个弹孔。

1918年，列宁就穿这件旧大衣，去工厂演说，遭到反对势力的刺杀，在大衣上留下了三个弹孔。伤愈出院后，他谢绝更换新大衣，将旧大衣补了再穿，一直穿到他1924年1月逝世。

他的格言：“节约每一分钱，为了社会主义革命和建设。”

周恩来总理居住在中南海西花厅，过着俭朴的生活。这从他居住的房屋及院落都可以看得出来。自他住进来以后，不许装修与翻新房屋及庭院。

60年代初，周恩来身边的工作人员乘总理出国访问的机会，为了保护与加固建筑物，他们抢时间只搞了点简单的内装修，更换了窗帘、洗脸池与浴缸。周恩来回国见了十分生气，将他们狠狠地批评了一顿。事后，他语重心长地对身边人员说：“我身为总理，带一个好头，影响一大片；带一个坏头，也影响一大片。所以，我必须严格要求自己……你们花那么多钱，把我的房子搞得那么好，群众怎么看？一旦大家都学着装修起房子来，在群众中会造成什么样的影响？”周恩来的这一番话发人深省。自此以后，再也没有人敢提及装修房屋之事了。

正如陈毅元帅所说：“廉洁奉公，以正治国者周恩来也。”

朱德同志是一位艰苦朴素的模范，始终如一，坚持一生。

记得1956年有一天，朱德向卫士郭盛魁要一套灰色毛哔叽的中山装，小郭回答说：“那套衣服的两只袖子已经磨得破烂不堪，不能再穿了。”朱德说：“补一补，不是还可以再穿嘛！”小郭嘟囔道：“毛料子衣服破成那样，怎么补哇！”朱德却坚持说：“要想想办法把它补一下！”小郭无奈只得找师傅进行了

翻改、织补。修好后，总司令很高兴，一边穿衣服，一边对我们讲道理说："衣服不怕它破，破了可以补上，洗得干净，这样穿起，有什么不好？中国人、外国人看了都好嘛！我们共产党员就是要带头艰苦朴素，做出榜样。"他在这方面的事迹还可以举出许多。

他的饮食极为俭朴。常对邓师傅说："不要每天都成席，要吃家常便饭。做菜不要学洋厨子作风，不要一只鸡只吃两条腿、一个胸脯，吃黄瓜不要大去其皮，吃白菜不要只吃个菜心；也不要每天大鱼大肉。我们这些人过去都是农民，是吃粗粮、小菜长大的，身体也很健康。多吃小菜有什么不好？"

勤俭节约是我们伟大民族的优良传统，虽然现在我们的物质生活水平大大地提高了，但是我们千万不可以忘记这一古训，并争取把它发扬光大。

不要花钱买不需要的东西

我们现在都还处在读书的阶段，花的都是父母的血汗钱，所以花钱的时候一定要节省，尽量把每一分钱花到刀刃上，不要花钱买不需要的东西，这样我们才对得起父母。

从小父母就比较宠爱小林，所以生活得比较优越，那时候父母都有稳定的工作，家庭条件还不错，随着她渐渐地长大变得越来越爱花钱了，有的时候生活费比其他同学要多一倍。近几年由于她妈妈下岗了，家里一下子变得拮据起来，但小林还是改不掉她大手大脚花钱的习惯，让家里经济状况变得好紧张，她的同学也知道了她家的情况，就劝她少买点东西，可是她听不进去，很多时候，衣服买了就扔在家里不穿了，后来有一次她的爸爸找她谈话，她那时候才觉得父母是那么的不容易，于是就把钱省着花，不该花的钱绝不瞎花，渐渐地，她也变得精明起来，大学毕业后，她向亲戚朋友借了点钱开起了服装店，由于自己善于经营，现在已经成了一个小老板了，家里条件变得优越了很多，她说这得益于父亲的那次谈话，让她懂得了生活的艰辛和钱真正的价值。

作为电脑奇才，比尔·盖茨早就以天才智慧享誉全球。如今，盖茨正在从一个 IT 时代的英雄和世界首富变身为全球最重要的慈善家之一。这个变化意味深长。

盖茨努力挣钱、努力省钱、努力捐钱的财富观，使他成为社会道德高地的一面旗帜。他一生节俭，从不挥霍奢侈，其生活信条就是“用好每一分钱”，而他建立的慈善基金会资金规模超过 600 亿美元，财富品质因盖茨的慈善而绽放出了道德的光辉。

盖茨的财富观，对国人的财富观念是一种教育、示范和启迪。随着社会

经济发展，我们的财富在积累，我们的富人在增加，但如何面对财富，如何回报社会、均衡贫富差距，已是一道现实问题，也是值得思考的问题。不能否认，相当多的财富拥有者对社会心存感恩之心，具有强烈的社会责任感，富了不忘反哺社会。但也有些富人漠视了自身的责任，表现出对慈善事业的冷漠。

显然，增强“富人”加盟慈善事业的紧迫感，是社会和谐发展的应有之义。“人生的价值并不是用财富，而是用深度去衡量”，盖茨的财富观如同一面镜子，我们在追求人生价值的同时，不妨常用这面镜子照照。

美学大师朱光潜说：“有钱难买幼时贫。”现在大多都是独生子女，父母尽一切所能为我们创造最好的生活条件，所以也造成了很多人不懂“节约”二字，只要求吃好的，穿好的，玩具越多越好，越高级越好，却不懂得粮食、衣服和玩具等物来之不易，有的人随便抛洒粮食，不爱护衣物，对玩具随意破坏，乱丢乱扔。有一个事例：

石油大王约翰·洛克菲勒，是美国19世纪的三大富翁之一。

洛克菲勒享有98岁高寿，他一生至少赚进了10亿美元，捐出的就有七亿五千万。但他平时花钱十分节俭。有一次，他下班想搭公车回家，缺10美分零钱，就向他的秘书借，并说：“你一定要提醒我还你，免得我忘了。”

秘书说：“请别介意，10美分算不了什么。”洛克菲勒听了正色说：“你怎能说算不了什么？把一美元存在银行里，要整整两年才有10美分的利息啊！”

洛克菲勒经常到一家熟识的餐厅用餐，餐后，给服务生10美分的小费。有一天，不知何故，他只给了5美分。服务生不禁埋怨说：“如果我像你那么有钱的话，我绝不会吝惜那5美分。”洛克菲勒听了，笑了笑说：“这就是你当服务生的缘故。”

北宋杰出史学家司马光著述宏丰，其名著《资治通鉴》是我国一部很有价值的历史著作。他的生活十分俭朴，工作作风稳重踏实，更把俭朴作为教子成才的主要内容。

据有关史料记载，司马光在工作和生活中都十分注意教育孩子力戒奢侈，谨身节用。他在《答刘蒙书》中说自己“视地而后敢行，顿足而后敢立”。

在生活方面，司马光节俭纯朴，“平生衣取蔽寒，食取充腹”，却“不敢

服垢弊以矫俗于名”，他常常教育儿子说，食丰而生奢，阔盛而生侈。为了使儿子认识崇尚俭朴的重要，他以家书的体裁写了一篇论俭约的文章。在文章中，他强烈反对生活奢靡，极力提倡节俭朴实。

我们应该学习这些伟人的精神，节约用好每一分钱，如果你们现在还没有这种习惯，希望你们现在就要养成，等你们渐渐长大时就会发现这一习惯会让你们终身受益的。要想改变这一点，不妨在买某一件东西时问一问自己，这件东西是不是非买不可？如果答案是否定的，那么我们就不要再买了。

把钱存在储蓄罐里

现在我们的物质生活渐渐提高了，很多同学都有很多的零用钱，但是你们到底是怎么用这些钱的呢？我建议你们可以把它们存起来，这样不仅可以培养你的省钱意识，而且你从中也一定会得到很多乐趣。

当当 5 岁生日这天，妈妈送给他一个蓝色的机器猫存钱罐，并郑重地告诉他：只要坚持往里面存硬币，机器猫就会实现他的愿望。

当当记住了妈妈的话，到 6 岁生日时，他好奇地问妈妈："妈妈，这只机器猫真的可以变一个书包出来给我吗？"妈妈哈哈一笑，将存钱罐里的钱全部倒出来，一共是 104.57 元，"当当，你看！这些钱够你买书包了吧？机器猫实现你的愿望了。"妈妈用存钱罐的钱买了当当喜欢的书包，他高高兴兴地上学了。

当当找到了储蓄的快乐，妈妈也很高兴。选择存钱罐作为儿子的生日礼物，妈妈是经过深思熟虑的。为了让当当从小养成良好的理财习惯，妈妈的要求是：5 岁：知道硬币是钱，知道钱是怎么来的。7 岁：能看价格标签。8 岁：知道可以通过做额外工作赚钱，知道把钱存在储蓄账户里。9 岁：能够制订简单的一周开销计划，购物时知道比较价格。10 岁：懂得每周节约一点钱，以便大笔开销时使用。当当的妈妈通过教当当存钱让他早早地就有了存钱意识，相信这些对他今后的人生都是很有用的。

我们现在手上的压岁钱和零用钱多了，更应该学会科学消费。

一是精神性消费。我们可以在家长和老师的指导下拿出一些钱来买书和杂志等，而不要全是买吃的、穿的和玩的了。我们可以备一个小书架，一个月一本书、一本杂志、一张报纸，日积月累，到了一定的时间，我们就会有一批相当可观的藏书，这对于我们的一生都会有好处。

二是道德性消费。我们可以把省下来的零用钱用在支援灾区重建上，也可以捐给希望工程。如果我们能用自己省下来的钱来捐献，那更是高尚道德的表现。

三是交际性消费。逢年过节、亲朋好友生日，往往都会送一点礼物表示祝贺，这是中国人的传统之一。但是一些中小学生把这理解为毫无节制地请客送礼了，甚至好多人在生日的时候，都要大宴宾客。其实，这也是一种浪费。其实我们完全可以在亲人和朋友生日的时候，利用我们手中的零用钱买一点有意义又不贵的小礼物，表示心意。只要我们表达出了自己诚意，这样既是节约，又能维护彼此的感情。

四是储蓄。我们手中有了钱，可不要一下子全花光。我们可以在父母的指导下节约，可以试着学习理财。储蓄就是很好的方法之一。

因为花钱没有计划和安排，很多人常常寅吃卯粮，到最后，才发现已经陷入了困境。对于我们中小学生来说，也许这一点暂时还体现不出来，因为我们现在大多还是吃住在家里，可是一旦我们离开了家，需要独自面对这个问题的时候，以往花钱没计划的弊端就显现出来了。下面就是一个大学生的经验教训：

刚念大学时，爸爸和我约定，每月的 15 日给我寄 500 元的生活费。因为开支毫无规律可循，三天两头地，我就找个理由与同寝室的舍友们到校园餐馆挥霍一顿。第一个月，爸爸容忍了我，提前把第二个月的生活费寄了过来。然而我恶习难改，第二个月、第三个月依然如此。终于，在离第四个月的收款日遥遥无期的时候，我又捉襟见肘了。

万般无奈我拍了一封极其简短的电报回家：“爸爸，饿坏了。”

爸爸很快就回了电报，也很简短：“孩子，饿着吧！”

生活真是太伟大了，在那之后只有 10 块钱的 10 天里，我绞尽脑汁节衣缩食，出手之前锱铢必较，竟然也把那段艰难的日子熬过去了。

从此，我学会了精打细算，并且发现，其实只要稍稍收敛一下不必要的支出，每月 400 元生活费就够用了。这样，每月我都可以积攒下一些，这些钱可以买书、买磁带、买 CD、旅游、捐款，当然也包括吃餐馆，但是比单一地花在吃上，当然是有意思得多。

给自己的开支做个预算，把省下的钱放在储蓄罐里，看着自己的财富一

天天增长，这本身就是件开心的事！况且还能够用积累起来的财富实现很多梦想。

以上是几种有助于我们养成节约习惯的方法。只要我们真正按照这些方法来做，就一定会让父母挣的钱在我们身上创造出更多的价值来。

美不需要过分装饰

青春，是每一个人都会拥有的最美好的时期，就像是早晨六七点钟的太阳光，那是一道美丽的光线。青春对于每一个人而言都是最难忘的，而青春的美丽，是最真的，就像一块碧绿无瑕的玉，没有一点瑕疵掺杂于其中。可是，青春的美需不需要加以修饰呢？当然，我们所说的美并非只是局限于外在的美，同时也包括内心的美。有人说，青春本身就是一种美，所以不需要修饰。还有人说，青春虽是一种美，可是这种美也需要人们加以修饰，在美的基础上使之更美，而且，青春的美有时也会被隐藏，需要人们去发觉，青春的美究竟需不需要修饰呢？

人体美是大自然的杰作。必要的修饰和打扮可弥补缺陷，而过分的浓妆艳抹则会适得其反。有的女子化妆成青眼血口，穿上奇装怪服，举止行为矫揉造作，不伦不类，往往闹出“东施效颦”的笑话。真实自然是性美的灵魂，虚假是对性美的叛逆。“清水出芙蓉，天然去雕饰。”每个青年应切记在心。

俊男靓女要想充分展现出美，必须注重自身的整体美。理想的整体美既要容貌气质衣着打扮达到均衡和谐统一，又要外在美和心灵美的合而为一。须知，一个人的体形受先天和后天诸多因素的影响，美国科学家雷・伯德惠斯泰经过大量的研究后认为，相貌的形成和变化，在一定程度上是受后天文化因素影响的，处于风华正茂时期的青年人应多学习，多读有益身心健康的报刊书籍，多看高尚的影视节目，常听优美的音乐，多参加社会实践，加深对人生对社会的了解，以广博的知识来修心修身净化心灵，培养自己正确的审美观，以远大的理想、高尚的情操、强烈的事业心和责任感，从谈吐言行中显出自己的智慧美，“神欢体自轻，意远凌风翔”。这样，不仅使自身的整体美超凡脱俗，充满魅力，而且会得到社会的认可，人们的尊敬。

风度是一个人气质的自然外露，是亮出性美的关键。譬如平时的各种坐姿站态、待人接物、举止谈吐、行为礼貌等，都能显现出人的某种风度，这都需要学习，需要追求。古人讲的“坐如钟、站如松、行如风”，便是对某类型人的人体姿势美的精辟概括。还有其他类型的姿态美。试想，一个人坐无坐相，站无站姿，七扭八歪，根本就谈不上什么风度。在某些公众场合，年轻人要注重自己的姿态，坐应稳重，腰和颈部保持一定曲度，两肩放平收腹挺胸；站立时落落大方，目不斜视，挺胸稍收腹，两臂自然下垂，显示挺拔之美；行走步履稳健，两臂随步伐自然协调摆动，给人以潇洒大方美感。年轻人待人接物举止谈吐应彬彬有礼，端庄文雅，诚恳谦逊。这样，即使你相貌平平，也会产生不同凡响的效果，令人怦然心动。

少男少女应注重修饰美，合理的修饰打扮可增添风度美，但要正确认识自己，美化自身须与年龄、身材、性格等特点相般配，切不可亦步亦趋胡乱跟着别人走，削足适履，破坏了原有之美。少女不可滥施粉黛，随意去文眉文眼线，做双眼皮或整容，以免损害容貌的自然美。有的男子蓄长发，穿女性服装，失去男子汉风度，实不足取。衣着服装在修饰人体美上不可小觑。青年人的穿戴应色彩和谐，款式大方，线条简洁松紧适度，这不仅有利于健康，而且显示出朴素淡雅之美。“淡”在中国美学中是一个极高的境界，大美必淡。愿每个青年人细细品味。

天生丽质的美离不开身心健康，失去了健康，美也就枯萎了。青年人要学会控制和驾驭自己的情绪，加强思想修养，树立正确的人生观。淡泊明志，宁静致远。陶冶情操，去除私心杂念，不为名利所累，以仁爱之心待人。有了“先天下之忧而忧，后天下之乐而乐”的胸襟，活得坦坦荡荡，光明磊落，就会达到一个新的高境界，品味人生，顿悟人生，有所建树。良好的情绪有利于神经内分泌系统的调节，免疫功能增强，自然康健。著名作家柯云路说的“人老先从心上老”可谓至理名言。只要“心”不老，生命之树常青，何愁不健美呢！

生活规律。建立有规律的生活方式，作息有时，劳逸结合，保证睡眠，体内“生物钟”就会正常运转，代谢正常，人也神采奕奕。

饮食合理。各种营养素是人体健美的物质基础，只有能做到膳食平衡，饮食有节，戒除烟酒等不良嗜好，方能有利健康。要问何种食物美容？一句

话，粮、肉、蛋、鱼、奶、各种蔬菜和水果合理搭配，杂食即可美容。

运动锻炼。坚持青春期的体质锻炼，选择适合自身的锻炼项目，持之以恒地进行锻炼，可增强体质，使体形变得健美，展现出青春期的魅力和风采。

青少年朋友们一定要记住美是内在和外在的结合，千万不可过分地修饰自己，这样反而起了适得其反的效果，在这一时期要注重自己内在的修养，这样你的气质就会散发出来。

你不能从物质攀比中获胜

报纸网络上，我们时时可见一些关于孩子攀比的新闻，如：

某闹市区的一所小学，每天上下学期间，送接孩子的汽车门庭若市。有一个高年级的孩子，接连三天在傍晚放学后迟迟不肯走出校门。爸爸有些纳闷，第三天就问孩子："怎么每天都是你最后出来？"孩子开口说："人家爸爸妈妈都开着奔驰、奥迪、马六什么的，而你却开着破普桑，我哪有脸早出来？"

见很多同学都有专车接送上下学，小学一年级的小男孩开始恳求做生意的姑姑开车来接送自己上学。要求得到满足后，小男孩再不许自己的父母来接送自己，并跟同学们介绍说送他的姑姑是自己的妈妈，以前来送自己的妈妈其实是保姆。

一名高二学生得知老师即将前来家访，为在老师面前挣面子，竟以性命和出走对父母苦苦相逼，要他们将住房换成豪宅。

要面子，爱虚荣，不切实际，盲目攀比，比父母职位，比家庭财富，比穿着打扮，比日常花费……当下在青少年中间，这种现象屡见不鲜。互相攀比，很容易使我们滋生不良观念，形成不正确的价值判断，对我们的未来成长是极为不利的。

这些其实是青少年心理不成熟的表现，我们应该比学习，比能力，而不应该比物质，物质上的攀比是最浅薄的，即使你获胜了又有什么意义？

当你看到谁谁又穿了一件新衣服的时候，你应该告诉自己：虽然你没有名牌服装，但你的学习成绩比他好多了，你还有许多其他方面的特长，他有"亮点"，你有更多的"亮点"，而你的"亮点"会使你保持学习上的优势，使

你有一个美好的前途。

我们应该明白自己是一名学生，而学生的主要任务是学习，应把主要精力放在学习上。引导孩子在学习、劳动、品德方面与同学展开竞赛，而不是在物质上攀比。即使家庭条件允许买名牌衣服，也要讲究穿着的环境，上学时以穿校服和其他朴素大方的服饰最为适宜，这样就不会在穿着上产生优越感，而能与其他同学平等相处。

当然，“人往高处走，水往低处流”。在这个日新月异，不断变化发展的社会里，人们往往都向往发展，追求高级，“往高处走”，这当然是不可避免的！

整个世界就是在不断竞争、比较、攀登中向前发展的，但是当竞争和攀比的潮流与风气影响，感染着各层次的人们时，人们会有不同的理解和做法。大家似乎都懂得只有不断竞争、攀比才会进步，才不至于被淘汰、遭遗弃的道理，但是我们不能走入“误区”，错误地理解竞争和攀比！

那些爱攀比金钱和物质的同学，他们常把眼光停留在金钱、衣服、日用品上，甚至比各自的家底；然而有的同学却把攀比看做是有益的竞争，在学业、功课上、在体育竞赛上乃至同学间团结、班级间先进等方面互不相让，积极争上游！恰恰这两种攀比的性质是截然不同的！

爱攀比金钱的同学往往是自小生长在富裕的家庭环境中的，一切都追求高档、奢侈和气派。久而久之，形成了虚荣心理，以为无论怎样都要胜过他人，但是他们从来不想想他所得到的一切并非是通过自己的辛勤劳动得来的，而是伸手向父母要来的。但是大多数父母的财富也是靠自己的努力、辛勤劳动后才获得的。但是这些同学并不理解幸福，富裕的物质生活并不是天上掉下来的！

那些敢于比学业、比进步的同学才真正有志气，有才能！他们懂得只有靠自己的努力、用自己的汗水来获得成绩，赢得荣誉，才能走向成功！

面对这两种不同的攀比动机、攀比结果，我们应当作出怎样的选择，怎样从攀比中振奋自己的精神，怎样通过竞争使自己的学业进步、身心健康、朋友更多呢？只有我们学生之间的相互督促、相互帮助，才能把那些不正确的，追求虚荣、奢侈的攀比逐渐转化为积极、正确的友好竞争。比学业、比

进步、比团结、比贡献，只有这样，我们才能适应未来的现实社会，才能为我们的祖国、为社会作出一番贡献！

精神追求对于生活的意义和价值远高于物质追求，作为青少年，我们应好好学习，培养有益的兴趣爱好，转移对物质的注意力，不盲目攀比。

奢侈浪费会腐化我们的生活

我们先来看这样两个镜头。

镜头一：火车车厢内，4 位妙龄少女相向而座。此时，她们正一边兴高采烈地谈论着，一边用手抓起摆在车厢茶几桌上的各种小食品和水果往嘴里送。小桌上五彩纷呈，有“汾煌雪梅”、“庆林瓜子”、“阿胶蜜枣”、“阳光虾条”、“德芙”巧克力和新鲜的荔枝、桂圆等，凡是这座城市里最受少男少女们青睐的小食品，可以说是应有尽有。她们一边吃着，一边顺手把包装纸、瓜子皮、果皮壳等朝座位下扔。不一会儿，这几位女学生脚下便堆起了几座“小山”，脚下的狼藉与她们身上时髦的衣着形成鲜明的反差。

望着如此靓丽的少女，再看看她们脚下的几堆“小山”，就连列车员也只有摇头。

镜头二：西南某大城市郊县一所豪华的私立中学门前。时值周末下午 5 时许。

学校门前停满了接学生回城度假的各式小汽车。一位穿着“梦特娇”T 恤的十六七岁的男学生，提着一只“金利来”皮包（实际上用作书包），匆匆走出校门。一位身着牛仔服的小伙子忙迎上去。

“小刚！”他一边喊着，一边疾步上前，接下这名学生的书包。

“今天来的什么车！”小刚劈头就问。

“车？哦，在那里！”小伙子一边说，一边走向路边的一辆白色长安面包车。

“喂，王司机，怎么搞的！长安车？”

“唉，是这样，今天公司要来一位大客户，董事长，哦，你爸爸开那辆‘皇冠’去接他去了。所以，我只有开‘长安’来接你了。”

“我不坐！昨晚上我还打电话给我爸说了的，叫他一定派‘皇冠’来接我！”小刚脸上顿时乌云密布。

王司机无奈，只好掏出手机，向他的董事长、这位小刚的爸爸禀报。

不难看出，当前青少年学生中奢侈浪费、追求享受的行为已到了多么严重的地步，这足以引起我们深切的关注和认真的思考。

我国自古就以勤俭作为修身治家的美德，《尚书》说：“惟日孜孜，无敢逸豫。”《左传》引古语说：“民生在勤，勤则不匮。”《周易》提出“俭德辟难”之说，《墨子》有“俭节则昌，淫逸则亡”之论。古人认为能否做到勤俭，是关系到生存败亡的大事，不可轻忽。在现代社会，经济增长和物质消费的观念已经发生很大的变化，但勤俭作为一种美德，作为一种生活作风，还是要大力提倡的。

有许多的历史人物都以勤俭来修身，他们不仅在国家事业上勤劳，而且在家庭生活上也非常节俭。克勤克俭，是我国人民的传统美德。传说中的古代圣贤都是这样做的，如尧特别关心民众，认为别人挨饿受冻是自己的工作没有做好，是自己的过错。而他自己的生活却十分节俭，经常穿着粗布衣裳，吃粗米饭，喝野菜汤。正是由于尧在事业上和生活上克勤克俭，所以赢得了百姓的爱戴，成为一位圣贤。

我国北宋时期著名的文学家、书法家——苏东坡，也把节俭作为自己的生活习惯，以节俭来提高自身的修养，他在生活上坚决反对奢侈浪费。有一年，他被贬黄州，俸禄减少，这给生活上带来了诸多不便。为了渡过困境，它不仅辞退了身边所有的仆人，而且自己更加节俭，他给自己制订了一份完整详细的开支计划，把所有的收入和手边的钱都集中起来，然后将这些钱分成12份，每月一份，每份又平均分成30份，每天只用一份。他就是这样“取之有度，用之有节”渡过了难关。“君子以俭德辟难”，苏东坡就是这样做的。

奢侈浪费小到足以破坏一个和谐美满的家庭，大到足以灭亡一个无比强盛的国家。自古就有许多帝王在刚开始创业时，以勤俭修身，受到了百姓的拥戴，但后来他们逐渐放弃了勤俭而一味地追求安逸享乐，结果招致了自己的灭亡。五代时的后唐庄宗李存勖，一开始励精图治，奋发有为，击败各个敌手称帝。但后来沉湎于音乐戏曲，每天在宫廷上用重金请人表演，演得好，用重金封赏，并且整天大肆兴建乐宫、乐队，造成黄金流失，最终导致部下

作乱，伶人发难，在位三年就死于兵乱之中。欧阳修在撰写《伶官传》时，有感于这段历史，阐发了“忧劳可以兴国，逸豫可以亡身”的道理。

中国人有着很强的忧患意识，特别是在国家动荡、民不聊生时更是如此。孔子说“人无远虑，必有近忧”，孟子讲“生于忧患而死于安乐”就是分别从个人和国家的角度强调了保持忧患意识的重要性。魏征即使在大唐盛世，也规劝皇帝“居安思危，戒奢以俭”，以实现长治久安。

还有要提醒大家注意“由俭入奢易，由奢入俭难”。意思是说，从节俭变得奢侈容易，从奢侈转到节俭很难。这是司马光引述他人的话，用来训诫子孙的。它强调要自觉保持节俭，防止奢侈，含有自勉、警世之意。人都想过好日子，这本无可厚非。但是过于奢华是不可取的，商纣用了双象牙筷子，他的臣子就要逃走，原因是看到纣王的贪欲一发，将不可遏制。所以坚持节俭要有自律能力。

现在，随着科技的发展，物质生活水平的提高，人们逐渐淡漠了古人的教训，大肆地奢侈浪费。我国就形成了一种通病——“节俭冷漠症”。身边的小事就足见这种病态的严重。白天明亮的教室里非得开灯，洗手间的水龙头“细水长流”，电脑永远处在待机状态，简直是“不知节俭何滋味”。据上海能源管理部门统计，按平均每户家庭有 15 瓦特的耗电量计算，上海 480 万户家庭在白天高峰时就增加了 2.5 万千瓦左右的用电负荷；一台电脑的待机能耗 30 瓦，如果上海 15 万机关干部下班后都不关掉电脑电源，仅此一项，就将每天增加 4500 千瓦的用电负荷，倘若加上企事业单位的电脑待机浪费，数字十分惊人。如果这样浪费下去，有多少能源将被这样白白地浪费掉，为国家造成多大的经济损失。长此下去，即使我国再强盛，恐怕也支撑不了多长时间。

纵观历史，大到邦国，小到家庭，无不是兴于勤俭，忘于奢靡。古往今来，成功的创业者大都经过艰苦奋斗阶段，所以都很勤俭节约。但是对于守业者来说，则正好相反，他们没有经历过创业的艰辛，容易贪图奢侈享乐，最终的命运必然是事业的衰败，国家的灭亡。这是几千年历史所昭示的真理。

我们中华民族历来是以勤俭节约、艰苦朴素著称于世的。在改革开放的今天，邓小平同志仍时时提醒大家要继续保持厉行节约、勤劳朴素的光荣传统，反对奢侈浪费之风。在物质日益丰富的今天，戒奢从俭，不靡费财物，仍是我们应该尊崇的美德。

父母的钱来之不易

“我在马路边捡到一分钱，把它交到警察叔叔手里边，叔叔拿着钱，对我把头点……”妈妈常常教我唱这首歌。可每次唱起这首歌我都要皱着眉头说：“一分钱能干什么呀，干吗还要捡起来?”

寒假，妈妈给我布置了一项特殊的作业：让我干一天的家务活，通过自己的劳动赚一块钱。我想就试试看吧！尝尝“领工资”的感觉。早上，我独自洗了半小时脏衣服；上午我认真地整理起房间来，擦擦桌椅，叠叠被子，拖拖地板，忙了一个钟头才干完；吃过中饭我又把碗给洗了，开始擦窗掸灰尘。因为头一次干，弄得自己灰头灰脸的。干完这一切，我早已累得腰酸背疼、浑身无力。晚上妈妈回来，什么也没说，给我发了一块钱工资，可我感觉妈妈看我时的眼神是那么的意味深长。握着这一元硬币，我才真正明白了妈妈的良苦用心，才真正感受到了爸爸妈妈赚钱的不易，才真正为自己以前的想法感到羞愧。是呀！一分钱就是父母的一分汗水，一分钱就是父母的一分心血，一分钱同样是父母对你的一分关爱！

想想以前，妈妈给的零用钱往往被我们不经意间就乱花完了。瞧，上学的时候，感觉口渴了，不喝自带的白开水却掏出几元钱买点饮料；放学的时候，肚子又饿了，毫不犹豫地拿出零花钱上小摊买点儿；休息日，挡不住玩具、零食的诱惑，忍不住买上一些。同学们，这些行为你们有吗？看，有些孩子拿着刚刚用几元钱买来的零食，由于不合口味，随手就丢进垃圾箱的情景；还有一些青少年对一件几十元钱换来的衣服或者是学习用品，如果出现一点瑕疵，就会弃置一旁。青少年们，这些行为你们有吗？是呀！不知不觉地，我们就这样一点一点花去许多不该花的零用钱！

仔细想想，如果我们每位同学都能把自己乱花去的每一分钱积攒起来，

那将是多么大的一个数目呀！它的用处又是多么的大呀！开学了，我们可以买一本课外书，增长我的知识；三八妇女节，我们可以买一张彩纸，做件小礼物悄悄地放在妈妈的枕边；同学遇到困难，我们悄悄地献上自己的一份爱心；我们还可以给四川灾区的小朋友、非洲的小朋友送去一支笔，一个文具盒……

生活条件改善了，我们手中的钱越来越多，主要是长辈们给的零用钱和压岁钱。钱多了，很多人就不太珍惜了。

很多人不知道家长挣钱的辛苦，以为钱来得很容易，所以花起来也不心疼。在国外，很多孩子从中小学就开始打工挣学费。因为有了切实的劳动过程，他们对于钱的来之不易有切身的体会，花起钱来也就不会过于大手大脚。这一点，我们中国的中小学生也可以学一学。金钱很重要，但不是最重要的。有钱可以买来财物，却买不来精神和道德；有钱可以买来书本，却买不来知识；有钱可以买来药品，却买不来健康；有钱可以买来化妆品，却买不来自然美、心灵美；有钱可以雇人替你干活，却买不来自己的智力与能力；有钱可以拉拢别人，却买不来真正的友谊……

我们手中有一些零用钱，那是父母给我们准备的每天的开销，比如乘坐公车或是备不时之需的。但是很多人总是拿这些钱随意花费，买许多根本不需要的东西，造成金钱上的浪费。

一个男孩看到别的小朋友有钢琴，他也想要，于是整天缠着妈妈说这件事。聪明的母亲没有立刻满足他，她不想让儿子成为呼风得风、要雨得雨的“小皇帝”。在确认了儿子对学习钢琴的确有兴趣后，她认真地告诉儿子：“钢琴很贵，要用掉好多好多的钱，妈妈要认真地工作一段时间，把钱攒够后才能给你买，你得等一等。”

一年的时间过去了，儿子一直记着妈妈的话，当他再次向妈妈提到这件事时，母亲故意面露难色，十分抱歉地对他说：“对不起，钢琴实在是太贵了，妈妈还没有攒够钱，你能不能再等一等呢?”儿子虽然有点儿失望，但还是答应了妈妈的请求。

到了向儿子履行诺言的时候了，妈妈拿出 3 万元钱，故意叫银行工作人员将它们换成每张 10 元面额的，然后将一大堆钱带回家摆在儿子面前，告诉他要花这么多钱才能买到一架钢琴。孩子看到面前的这么多钱，惊讶得张大

了嘴。

就这样，儿子通过妈妈的苦心，理解了一架钢琴的价值，他不仅很自觉地爱护这架钢琴，并且非常认真地学习钢琴，因为这是妈妈辛苦工作很长时间，用“很多很多”的钱买来的。

这位母亲是聪明的。对于孩子来说，买一件东西究竟需要多少钱，他是没有概念的。但当一大堆具体的钱放在他的眼前，他就会突然醒悟，原来要购买的这个东西如此珍贵。这样一来，孩子不仅学会了懂得珍惜，更学会了尊重他人的劳动成果，也知道了父母的艰辛。

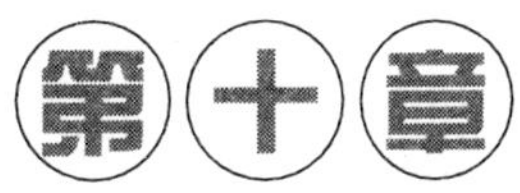

第十章

摒弃偏见，做人光明正直

你是否曾犯过以貌取人、凭第一印象就过早下定论的错误？这就是偏见。社会刻板印象（人们对某类人的固定看法）、晕轮作用（以偏概全）、先入为主、自傲或自卑都能导致偏见。具有偏见心理的人，常难于待人处世，给社会交往和人际关系带来影响。偏见往往是错误的认识，是我们应该摒弃的。

树要根好，人要心好，做人要光明，做事要坦然。堂堂正正才是处世之基，立足之本。己不正，何以正人？身正才能安魂梦稳，品行端正，做人才有底气，做事才会硬气。心底无私天地宽，表里如一襟怀广。正直的人做事不文过饰非，不偷奸耍滑，不阳奉阴违。平等待人，公平做事才会赢得他人的信赖和尊敬。

不要拿别人的标准来衡量自己

“人比人气死人”，“三百六十行，行行出状元”。这两句话说的是衡量人的标准问题。前者说明的是拿别人的标准来衡量自己，自寻烦恼；后者说明的是衡量的标准是不同的，因人而异。

拿别人的标准来衡量自己，自寻烦恼：若拿自己的标准来衡量别人，则是愚蠢，故步自封。拿自己的尺子去衡量别人，要么高了，要么低了。不可能完全相等。就像一位哲学家说的：世界上没有两片完全相同的树叶。拿别人的标准来衡量自己，伤害的人是自己；拿自己的标准来衡量别人，伤害的是别人。

当然，我们并不会随便拿任何人的观点来衡量自己，这些人一定要与自己有一定的联系。比如，你的举重比不上保罗·安德森，掷铅球比不上白利·欧布莱恩，跳舞比不上亚瑟·毛瑞。很显然，这都是事实。但是你大概不会因此产生嫉妒，因为他们和你很遥远，扯不上什么关系。不过，如果你和他们是同学，那就另当别论了。

如果是睡在你上铺的和你成绩差不多的兄弟顺利考取了重点大学，而你却落榜了，或者小时候与你一起玩耍的哥们儿这几年做生意发了财，而你还在拿着不痛不痒的死工资熬日子……这些事情恐怕就很难让你心平气和了吧！也许你会为了争一口气而再次参加高考，也许你会为了像你的小时玩伴一样风光地买车买房，也去下海经商。

你大概很少去考虑，读大学到底是不是自己现在的最佳选择，下海经商是不是你所擅长和喜欢的，你只是在拿别人的标准来衡量自己。如果你的尝试成功了则好，一旦失败了，就会严重挫伤你的积极性，甚至变得怨天尤人。

老张早在是小张的时候，就在县机关里上班。那时，他和他的一位同学

都是从机关的基层干起，可是没过几年，人家就被调到市里去了，后来又一路顺风地到了省里，官是越做越大，人也越来越意气风发。

可是老张呢，他的运气就不那么好了，他在那个位子上一待就是 20 年，从年纪轻轻眼看熬到了斑斑白发，却还只是个小公务员。他想起和自己同时毕业的那位同学如今已经是省里的领导了，心里就嫉妒得发狂，自己哪方面比他差？想当初在学校的时候，自己门门功课都比他好。再想想两人天壤之别的今日，老张就极为憋气，心里就像猫抓一样难受。

有一天下班，他心情不好就去了一家餐馆，一个人在那里喝闷酒。因为人多，有人就坐在了他的对面，看他闷闷不乐，就搭讪问他："看您心情不好，为啥事发愁呢？"

老张一仰头把一杯酒喝了个底朝天，叹了一口气说："你不知道，我这辈子真够倒霉的，我在机关里熬了 20 年了，如今还在原地踏步。"边说边给自己的酒杯倒满酒："可是和我一起毕业的同学早就爬到省机关了，你说我怎么这么命苦呢？他有什么能耐？他凭什么就受重用？不就是嘴巴甜一点吗？……"

看着并不比自己优秀的同学到了省里工作，自己却没有丝毫的进步，这使得老张产生了严重的心理不平衡。如果没有他的同学作为参照物，即便不能升官，他也许并不至于如此斤斤计较，心情也不至于如此低落。

拿别人的标准来衡量自己，盲目地改变自己，要求自己，并不能让自己像别人一样成功，多半是东施效颦的结局。

麦克斯·威尔医师在罗斯福执政期间，曾负责为总统夫人的一位朋友做一个手术。

事后，罗斯福夫人邀请他到白宫去。他在那里过了一夜，据说隔壁就是林肯总统曾经睡过的房间，他为此感到无比荣幸。

那天晚上，他想着隔壁就是总统睡过的房间，根本没有睡意，他开始用白宫的文具和纸张写信给母亲、朋友……

他在心里对自己说："麦克斯，你真的来到白宫了，这是多少人梦寐以求的事情啊！"

第二天一早起来，他下楼用早餐，总统夫人已经等在那里了。他吃着盘中的炒蛋，心里想着回去以后该如何向自己的家人和朋友描述这个美好的

情景。

但是，问题出现了，因为仆人又送来了一托盘的鲑鱼，而他什么都吃，就是从不吃鲑鱼，因此畏惧地对着那些鲑鱼发呆。

罗斯福夫人向麦克斯微笑，指着总统先生说：“他很喜欢吃鲑鱼。”

麦克斯考虑了一下，心想：“我是什么人？怎么能怕鲑鱼？总统都觉得好吃，我就不能觉得很好吃吗？”

于是，他切着鲑鱼，并混着炒蛋一起吃下去。结果，他从下午开始就浑身不舒服，一直到晚上仍然非常想呕吐。

后来，麦克斯一直思索，这件事有什么意义呢？他在著作《心灵的慧剑》中写下了自己的感想：“很简单，其实我一点也不想吃鲑鱼，而且根本也不必吃，但是我为了附和总统而背叛了自己。虽然这是件小事，很快就过去了，可是换个角度想，这不正是许多人为了成功最常碰到的陷阱之一吗？”

每个人都是独一无二的，不要企图向别人看齐，更不要拿别人的标准来要求自己，否则只会适得其反。

上天并没有创造一个标准人，每个人都是独一无二的。你要敢于保持自己的本色，不必执著于同别人比高低。你只需按自己的样子生活，去寻找属于你自己的成功标准。

尖酸刻薄会树敌无数

人生在世每个人都得生活、工作，都得接触社会与家庭。在日常生活中，难免会发生矛盾，出现这样或那样的失误与差错。在这时，如果你不让我，我不让你，很容易引发社会矛盾和双方的争斗。说一件很小的事情，在公共汽车上有人踩了你的脚，我们很多人肯定怒火朝天，恨不得回踩别人一脚，之后就可能发生争吵甚至打架的事情。可是有一些被踩脚的人一点也不动火，微笑着说："对不起，是我占了您的空间。"这让踩脚的人羞愧难当，更加意识到自己的不礼貌。你看，轻轻的一句话，比怒火朝天的效果好多了，这就是宽容的力量。可以说，选择了宽容，就选择了人与人之间的理解和温情，也就选择了化解矛盾的最佳方式。

在山区的灌木林里住着一只蜗牛。每天，当见到蜈蚣寻食经过这里，它便上前问候。蜗牛心地善良，少言寡语，而蜈蚣却好出风头，傲慢自负。蜈蚣手脚多，动作快，不管做什么事，日落前准能干完。蜈蚣很看不起自己的朋友，认为它没有脚，动作迟缓，无论干什么总要一天到晚地忙活。然而蜗牛却处处让着蜈蚣，不管蜈蚣托它做什么事，总是尽力相助；找到什么好吃的，也从来都是和朋友一起分享。它俩一个生性乖僻，而另一个却善于忍让，因此尽管性情各不相同，但仍能和睦相处。

有一次，集日快到了，蜗牛约蜈蚣一道去游玩，并且建议同蜈蚣比赛，看谁先到集市。蜈蚣一向看不起朋友，听到这话笑了起来，不过它还是答应了。既是比赛就必然有胜有败，输赢总要有个赏罚。

蜗牛说："谁输了就得背着赢的人。"

蜈蚣说："谁胜了就可以吃败者的肉。"

蜈蚣的话如此刻薄，但蜗牛竟乐呵呵地点头应允了。讲定条件，两个朋

友便分手了。

头天傍晚，蜗牛悄悄爬到一个樵夫的柴垛旁，神不知鬼不觉地钻进一个竹筒里。次日，天刚蒙蒙亮，樵夫煮好待客用的骨头肉汤粉儿，挑起柴火动身了。来到集市，樵夫放下柴担，蜗牛便钻出竹筒，不紧不慢地爬到集市的路口，等候着朋友。

蜈蚣输了，蜗牛按赛前讲好的条件要吃蜈蚣的肉。蜈蚣自知理亏，恼羞成怒，冲上去就要揍蜗牛。蜗牛笑了，忙闪到一边对蜈蚣解释，这不过是开个玩笑罢了，哪能真的吃朋友的肉呢！

蜈蚣将这次失败视为耻辱，就像添了块心病似的天天感到难受。它千方百计想捉弄蜗牛，不使蜗牛出个大丑决不罢休。

蜈蚣苦思冥想了不少日子，终于想出一条妙计。它约蜗牛一起去学医，蜗牛同意了，它们商量妥当，就较量上了。

在下坡路上，蜗牛将身体缩进壳里，飞快地朝下滚，一直滚到山脚下，这才钻出壳来，不慌不忙地向山上爬去。就在这时，蜈蚣正没命地爬着，它觉得自己这次是十拿九稳地赢定了，于是早想好了几句话，准备痛痛快快地挖苦一下行动缓慢的朋友。

猛然间，蜈蚣瞥见蜗牛正像往常一样不慌不忙地从山下向山上爬来，不由得愣住了。只听蜗牛说："我已经学成回来啦！"

蜈蚣不信，死气白赖地非要蜗牛拿药给它看。蜗牛十分窘迫，只得吐出涎液让朋友看。不料蜈蚣身不由己地蜷缩起来，怎么也爬不动了，几只沾上涎液的脚立刻脱落，这时它才惊慌失措，甘愿认输。

从那以来，不论蜈蚣爬到哪里，只要见到有蜗牛爬过的痕迹便马上掉头，另寻他路。看来蜈蚣是害怕蜗牛的涎液的。

如今，若是有谁被蜈蚣咬了，只要将蜗牛捏碎，用蜗牛的肉敷在伤口上，马上就会好的。

蜈蚣和蜗牛是好朋友。可是，蜈蚣仗着手脚多跑得快，常常嘲笑蜗牛；聪明的蜗牛虽然两次赢了蜈蚣，可还是对它很谦让。虽然这样，蜈蚣仍然不满足，真是个无情无义的家伙！不过蜗牛的涎液却可以降住傲慢而狠毒的蜈蚣，这不是一件很公平的事吗？记住，对人千万不要尖酸刻薄。

如果你是一个言语尖酸刻薄的人，你又很痛恨自己的这个缺点，怎么改

正呢？

首先，三思而后行。这是中国古人留给我们的宝贵经验，告诉我们在说话、做事之前最好先想一想，掂量掂量说出之后有什么效果，更重要的一点，会不会伤人，如果伤人，能不能换一种方式说出来？

只要坚持按照这个格言所指示的去做，就无疑会成为一个出言谨慎的人。

其次，学会保持沉默。言语尖酸刻薄的人往往是一些多嘴多舌的人，而“言多必失”是一条亘古不变的哲理。人们正是认识到这点，所以才有“沉默是金”的说法。

学会保持沉默，尤其是适时地保持沉默是克服言语尖酸刻薄的一个好办法。当你还没有思考成熟、还没认清对象本质、还没有听完对方谈话的时候，你最明智的策略即沉默。沉默并不是不说话，而是选择适当时机、用适当的话语来表达自己的想法、观点。

第三，退一步海阔天空。尖酸刻薄的人常常无法忍耐，所以遇事总爱爆发，说话便伤了和气。凡事退一步想，便有可能避免此种缺陷。

第四，加强自己的知识和修养。这实际上是最关键的一点，一个人眼界宽了、境界高了、知识丰富了，也就变得宽容了、善良了，不再以出语伤人为乐、为自己的本事。世上很多“大家”、真人，其实都是一些性情温和、脾气温顺、言行温文尔雅的人。

一个人的嘴过于损，过于尖酸刻薄，其实是非常有害的，既害人又害己。与人相处中这种人会被视为小人。在任何时候、场合，人们对他都会另眼相待，都不会喜欢他。就像战国时那些操三寸不烂之舌的纵横家们，虽然一时取得了名誉，但终究被认为是不可信、不可靠的，也是不受欢迎的。所以，为人要宽厚，切不可尖酸刻薄。

心胸狭窄是跟自己过不去

三国时期，东吴青年军事家周瑜具有大将之才，年仅 24 岁就率军破曹，取得赤壁之战的辉煌胜利。

然而，他的气量相当狭窄，总想高人一等，对才能胜过自己的诸葛亮始终耿耿于怀，屡次设计暗算，但偏偏事与愿违，害人不成反而害己，赔了夫人又折兵。在诸葛亮的三气之下，3 次金疮破裂，终于含恨而死。

心胸狭窄，容不得别人比自己强，往往是给自己找气受，跟自己过不去。心怀嫉妒就难免生怨恨之心、报复之心，导致失去理智，害人又害己。

曹操虽然是一代枭雄，但是也免不了有心胸狭窄的弱点。他成就了一番大事业，也因心胸狭窄，而葬送了他手下一些杰出的人才。最突出的例子，莫过于大家耳熟能详的曹操与杨修的故事了。

杨修为人恃才傲物，屡屡遭受曹操的嫉妒。有一次曹操命人建了一座花园，曹操看过之后不置可否，只取笔在大门上写了一个‘活’字就走了。大家都不明白这是什么意思，只有杨修说道："门字里面填一个‘活’字，就是一个阔字，丞相是嫌大门建造得太阔了。"于是工匠重新修建了大门，又请曹操来看。曹操看过之后大喜，问道："是谁知道我的心意?"左右人说是杨修，曹操称赞了杨修的聪明，心里却很嫉妒。

又有一次，塞北有人送来了一盒酥，曹操在盒子上写了"一盒酥"三个字，把盒子放在案上。杨修看见了，就拿勺子和大家把酥分食了。曹操问他原因，杨修说道："盒子上明写着一人一口酥，我怎敢违抗丞相的命令?"曹操虽然笑了起来，但是心里已经很讨厌杨修了。

曹操唯恐别人会趁自己睡觉的时候加害自己，常常吩咐左右道："我梦中喜欢杀人，我睡着的时候大家不要靠近。"一天白天，曹操在帐中睡觉，被子

掉在地上，一个侍卫过来帮曹操把被子盖好。曹操跳起来，拔剑杀了侍卫，又上床继续睡觉。醒来之后，曹操故意惊问道："是谁杀了侍卫？"左右把实情告诉了他，曹操痛哭，命令厚葬侍卫。从此大家都相信曹操会在梦中杀人。但只有杨修知道曹操的真实用意，在埋葬侍卫时叹息道："丞相不在梦中，你才是在梦中呢！"曹操知道了越发厌恶杨修。

后来杨修又利用自己的聪明才智帮助曹植争夺王位的继承权，这越发引起曹操的不满，已经有杀死杨修的心意了。

一次，曹操在与刘备征战的时候处于下风，兵退斜谷，进退不能，犹豫不决，恰好厨师端上鸡汤来，曹操看见汤中有鸡肋，不禁有感于怀。正在沉吟之时，夏侯惇进帐请示夜间的口令，曹操随口道："鸡肋，鸡肋。"夏侯惇便传令官兵，以"鸡肋"为号。杨修闻号令是"鸡肋"，就叫随行的士兵收拾行装，准备归程。有人告诉夏侯惇，夏侯惇大惊，问杨修为什么要收拾行装。杨修道："通过今晚的号令，就知道魏王不几天就要退兵了。鸡肋这个东西，吃起来没什么肉，丢了又可惜。现在我们进攻不能取胜，退兵又怕被人笑话。在这里没什么好处，不如及早回去。来日魏王必定班师，所以先收拾行装，免得临行慌乱。"夏侯惇道："你真是了解魏王的心意啊！"于是寨里大小将士，无不准备归计。

当夜曹操心乱，睡不着觉，就手提钢斧悄悄在营中巡视，只见将士们都在收拾行装，赶紧叫来夏侯惇问其缘故，夏侯惇便说主簿杨修知道大王想退兵的意思，曹操叫来杨修询问，杨修把鸡肋的意思告诉曹操，曹操大怒道："你怎敢胡言，乱我军心！"就命令刀斧手将杨修推出去斩首示众了。

因嫉妒杨修的才能，曹操终于找了个机会杀掉了杨修，虽然出得一时闷气，但也使自己失去了一位良才。

青少年当中也经常会出现因虚荣、嫉妒等心胸狭窄问题而导致朋友反目成仇的事情。

学生A和学生B从小就在一起上幼儿园、小学、初中，进入高中后两人又一同分在了奥赛班。共同的经历、共同的成绩优秀使他们成为了好朋友，他们相互勉励、相互帮助、无话不谈。升入高二后，学生A自觉学习上有些吃力，学生B多次担任辅导员的角色，从学习方法、解题技巧、思维拓展等方面给予了全面帮助，但A仍然收效甚微。班主任及任课教师根据A的学习

现状、智力发展后劲、心理能力等方面综合分析，建议A转入普通班，这样有利于A的进一步发展。但A苦于父母和亲朋好友的期望、同学前的面子等,没有听从班主任及课任老师的建议，从单元考试起每次成绩下滑一些，再加上各科均结束了高中的学习内容，进入专业探究阶段，这对于A来说更是雪上加霜。小B看到小A外表烦乱、内心焦虑的样子十分着急，曾多次帮助和开导小A而无济于事。小A眼看着自己与好朋友的学习距离在拉大，认为小B对他的帮助与开导是“猫帮耗子——假仁义”，暗中使劲下工夫拉大与自己的距离，才是他的真正用意，故而开始对小B怀疑乃至疏远。但小B“不明事理”更加频繁地对小A“献殷勤”、“耍花架”，进而引起了小A的不满和恼怒。一日，小B像往常一样利用课余时间为小A补习功课，小A说：“烦着哩！走远点!”

小B对曰：“知道你烦，这不是帮你解烦吗?”

“狗拿耗子——多管闲事!”小A有点翻脸不认人的味道，“谁让你帮了!”

“狗咬吕洞宾——不识好人心!”

“你是哪门子好人?!”

“你这人咋了，吃‘火药’了咋的?!”

“妈的，我就吃‘火药’了……”

“你咋能骂人呢？……”

“你他妈的，我不但要骂还要打……”

小A抬手就照小B的脸上给了一拳，小B应声捂住右眼踉跄回到了自己的座位上。之后经医院检查，右眼视网膜遭打击脱落，将终生残疾。

心胸狭窄的人会陷入不满、怨恨、恼怒之中，心理很不健康，而心胸开阔的人则心无杂念，不计较小事，不为小事生气，生活坦诚而愉快。心胸狭窄会破坏友谊，心胸开阔则增进友谊。

第一次登陆月球的太空人，其实共有两位，除了大家所熟知的阿姆斯特朗外，还有一位是奥德伦。

当时阿姆斯特朗所说的一句话，“我个人的一小步，是全人类的一大步”早已是全世界家喻户晓的名言。

在庆祝登陆月球成功的记者会中，有一名记者突然问奥德伦一个很特别

的问题："由阿姆斯特朗先下去，成为登陆月球的第一个人，你会不会觉得有点遗憾?"

在全场有点尴尬的注目下，奥德伦很有风度地回答："各位，千万别忘了，回到地球时，我可是最先出太空舱的。"

他环顾四周笑着说："所以我是由别的星球来到地球的第一个人。"大家在笑声中，都给予他最热烈的掌声。

共同的合作才会赢得成功。不争功名，是一种修养，更是一种美德，奥德伦以他的豁达幽默赢得了人们的尊敬。

作为青少年，我们应正确看待人生价值，培养豁达的人生态度。社会本来就是一个大舞台，在这个大舞台之上，每个人都有适合于自己人生所扮演的角色，只要你定位准确，并按所定之位一步一个脚印地去努力，就会有良好的结果和归宿。这就要求我们每个人必须有勇气承认所有的人都有比自己高明的地方，但是你也有高明和优越的长处，从而你要重新认识自己，发现自己和创造自己。这样就能从病态的自尊心和自卑感中把自己解放出来，远离嫉妒等狭隘境界，从而走向自信、自立、自强。

不要戴着有色眼镜看人

有一位太太多年来总是嘲笑对面的太太很懒惰：“那个女人的衣服，永远洗不干净，看，她晾在阳台上的衣服，总是有斑点，我真无法想象，她怎么会洗衣服都洗成那个样子……直到有一天，有个朋友到她家，才发现不是对面的太太衣服洗不干净。细心的朋友拿了一块抹布，把她家窗户上的灰渍擦掉，说：“看，这不是干净了吗？”原来，是自己家里的窗玻璃脏了。

有时候，我们习惯于跟着感觉走，先入为主地给人下结论，但这种结论往往是片面的、错误的。像这位太太，看到的别人衣服上的斑点，其实是自家玻璃窗子上的灰尘。

生活中有些人总喜欢戴着有色眼镜看人，如觉得一个好就一好百好，一俊可以遮百丑；觉得人差，就认为人事事差、时时差。

如总有一些同学眼睛总盯着其他学生，喜欢鸡蛋里挑骨头，专找别人的毛病，却往往忽略了自己脖子后面的灰。他们习惯于戴着有色眼镜用一成不变的眼光来看待身边的同学，尤其是那些学困生或德困生。“老师，×××又没完成作业。”“老师，因×××打架，咱班又被学校扣分了。”

戴着有色眼镜来看人，总是能找到他人的毛病，找不到他人的可爱之处。但是如果你摘掉有色眼镜，就会发现其实每个人都有优秀之处。

有位记者去采访一位美国总统的母亲说：“您很了不起，因为您有一位了不起的儿子。”这位母亲微微一笑说：“您是说，我有一位当总统的儿子？我呀，还有一位同样了不起的儿子。”记者问：“他是做什么的？”这位母亲说：“他呀，现在正在地里挖土豆！”在这位母亲的眼中，自己的两个儿子都很优秀，他们只是从事的职业不同，并没有身份的卑贱，没有地位的高低，他们都是自食其力，为社会作着贡献。从这位母亲眼中折射出了正确的人才观。

我们应该承认世界上没有两片完全相同的树叶，更没有两个相同的人。我们应该正视现实，承认人与人之间的差别，尊重每个人的个性。“三百六十行，行行出状元”，郎平打排球是一把“铁榔头”，但若从事科研就未必能出色；陈景润搞数学能攻克“哥德巴赫猜想”，做教师却不见得合格；梅兰芳是著名京剧艺术大师，却未必会解一元一次方程。尺有所短，寸有所长！如果戴着有色眼镜，就会埋没掉别人的很多亮点。

生活理应是不分贵贱的，生活理应是公平的，可是现实生活不可能有绝对的公平。你身边是否有一些贫困生，你是如何看待他们的呢？不要歧视贫困生，贫穷不是他们的错，他们的艰苦朴素、自立自强是我们应该学习的。对贫困生我们应伸出宽容友爱之手，在他们学习生活遇到困难时，鼓励他们克服困难，渡过生活上的难关，帮助他们完成学业。

其实这些都是个人戴着有色眼镜，个人心理在作祟；明知道可以解脱，却会选择逃避，选择自己把简单的事情复杂化，带着情绪去判断和观察周围的人和事；可当戴着有色眼镜去观察事件和人物的时候，理性就会被感性所代替，容易自欺欺人，更会杞人忧天！当摘掉有色眼镜、真正理性地去判断和处理问题时，许多人和事也许又是另一种结局！

戴着有色眼镜观察世界，不是这个世界不精彩，也不是这个世界很无奈，只是心里觉得不踏实，心情不舒畅！如果真正能摘掉有色眼镜，或许世界就是另一番景象，人生又是另一番精彩！

摘掉有色眼镜，只是让自己放飞心情，还回自己曾经淳朴善良的本性！

摘掉有色眼镜，也许不仅会给自己信心，也许还会还别人以公道！

请摘掉有色眼镜，世界本来就是五彩斑斓的！

请摘掉有色眼镜，放飞心情，人生才会更精彩！

正直是做人的根本

正直是中华民族的传统美德，也是一个人应具备的优良品质。然而，社会是复杂的，对很多人而言，正直或许是一件艰难的事，或许是一种很难的活法。因此，当正直的人站在人们面前，便显得那样有力，那样让人们产生情不自禁的仰慕。

海瑞是海南琼山人。他从小死了父亲，靠母亲抚养长大，家里生活十分贫苦。20多岁他中了举人后，做过县里的学堂教谕，教育学生十分严格认真。不久，上司把他调到浙江淳安做知县。过去，县里的官吏审理案件，大多是接受贿赂，胡乱定案的。海瑞到了淳安，认真审理积案。不管什么疑难案件，到了海瑞手里，都一件件调查得水落石出，从不冤枉好人。当地百姓都称他是“青天”。

海瑞的顶头上司浙直总督胡宗宪，是严嵩的同党，仗着自己有后台，到处敲诈勒索，谁敢不顺他的心，就该谁倒霉。

有一次，胡宗宪的儿子带了一大批随从经过淳安，住在县里的官驿里。要是换了别的县份，官吏见到总督大人的公子，奉承都来不及。可是在淳安县，海瑞立下一条规矩，不管大官还是贵戚，一律按普通客人招待。

胡宗宪的儿子，平时养尊处优惯了，看到驿吏送上来的饭菜，认为是有意怠慢他，气得掀了饭桌，喝令随从，把驿吏捆绑起来，倒吊在梁上。

驿里的差役赶快报告海瑞。海瑞知道胡公子招摇过境，本来已经感到厌烦，现在竟吊打起驿吏来，就觉得非管不可了。

海瑞听完差役的报告，装作镇静地说：“总督是个清廉的大臣。他早有吩咐，要各县招待过往官吏，不得铺张浪费。现在来的那个花花公子，排场阔绰，态度骄横，不会是胡大人的公子。一定是什么地方的坏人冒充公子，到

本县来招摇撞骗的。”

说着，他立刻带了一大批差役赶到驿馆，把胡宗宪的儿子和其随从统统抓了起来，带回县衙审讯。一开始，那个胡公子仗着父亲的官势，暴跳如雷，但海瑞一口咬定他是假冒的，还说要把他重办，他才泄了气。海瑞又从他的行装里，搜出几千两银子，统统没收充公，还把他狠狠教训一顿，撵出县境。

等胡公子回到杭州向他父亲哭诉的时候，海瑞的报告也已经送到巡抚衙门，说有人冒充公子，非法吊打驿吏。胡宗宪明知道他儿子吃了大亏，但是海瑞信里没牵连到他，如果把这件事声张起来，反而失了自己的体面，就只好打落门牙往肚里咽了。

海瑞敢于坚持正义，主持公道，故为世世代代人民所称颂。

正直的人绝不会是一个攀附权贵、心口不一的人，他们不会心里这么想，嘴里那么说，实际行动又是另外一套。他们内心有一定之规，所以不会撒谎，也不会表里不一。

在一所大医院的手术室里，一位年轻的护士第一次担任责任护士。“大夫，你只取出了 11 块纱布，”要缝合时，她对外科大夫说，“我们用的是 12 块。”

“我已经都取出来了！”医生断言并不容置疑地吩咐道，“我们现在就开始缝合伤口。”

“不行。”护士抗议说，“我们用了 12 块。”

“由我负责好了！”外科大夫严厉地说，“缝合！”

“你不能这样做！”护士激烈地喊道，“你要为病人想想！”

大夫微微一笑，举起他的手，让护士看了看第 12 块纱布：“你是一名合格的护士。”他在考验护士是否正直——而她具备了这一点。

正直的人不会做违背良知的事，不会说违心的话，他们心胸坦荡、不为名利所动。

我国西北某地一位农村女学生在高考中以优异的成绩被名牌大学录取。可她却为学费而忧虑，一家生产健脑口服液的企业获得这一信息后表示愿意出万元资助，条件是要她做一则电视广告，服了这家企业生产的健脑口服液头脑敏捷，才一举夺魁的。

一则几秒钟的广告可取得如此丰厚的报酬，以解燃眉之急，何乐而不为

呢？可她却没有答应，她说：“我家清贫，上中学的学杂费都是父母东拼西凑的，我从来没喝过口服液，也根本喝不起，是老师的辛勤教诲和自己的刻苦攻读，才取得了这样好的成绩。如果我违心地做这个广告，今后在社会上还怎么做人?”多实在的话！它折射出一个正直学生的美好心灵。

万元资助，对一个家境贫寒而又急需钱用的学生来说是一笔诱人的数目，可她却毫不动心，断然谢绝。这一举动，展示着当代青年的崭新精神风貌和崇高的人生价值。

在当今社会，不知有多少人为了金钱，在激烈的广告大战中竞相亮相，说大话、讲假话，欺骗观众。与他们相比，这位女学生的品质显得特别高尚！

这位女学生以自己正直的做人行为，给社会带来了巨大的精神财富。最终，她交了一份质量很高的人生答卷，高考、做人两个满分。

正直是做人的根本，无论我们走到哪里，也无论我们遇到什么困难，我们都要牢记：做一个正直的人。同学之间相处，也要为人正直，敢于坚持公道。对的就支持，错的就反对。在评选三好学生、期末小组评定等活动中，要实事求是，抱公正的态度。平时对同学要坦率、真诚，敢于发表自己的意见，对同学的缺点错误能坦率地、真诚地提出批评，对自己的缺点也不遮掩，不做当人一面背人一面的事，从小做一个正直的人。

不要为小事争执不休

英国著名作家迪斯雷利曾经说过："为小事生气的人，生命是短暂的。"

人生是短暂的，所以，生活中不要因一些鸡毛蒜皮、微不足道的小事而耿耿于怀，为这些小事而浪费你的时间、耗费你的精力是不值得的。英国著名作家迪斯雷利曾经说过："为小事生气的人，生命是短暂的。"如果你真正理解了这句话的深刻含义，那么你就不会再为一些不值得一提的小事情而生气了。

人们日常生活中生气的原因和生气引发的不良后果，通过事例说明了不要为小事生气的重要性，还教会你消除生气的方法。

你常遇事小题大做，被情绪牵着鼻子走吗？你常为生活中的小事耿耿于怀吗？你相信一个人可通过改变自己的态度，而改变一生吗？每个人生活中都会有一些不如意的事情，而这些不如意的事情带给每个人的影响又各不相同。有些人可能会因为这些不如意的事情而郁郁寡欢，也有些人会从中发现快乐！换一种角度看世界，世界就会因你而不同！事分大小、轻重缓急，在每个人的心目中，都会自动将所面临的、接触到的事情自动化分为大事、小事……一段时间内你的大事越多、小事越少，你的压力就会越大，久而久之，你的生活就会被弄成一场又一场的紧急事故。

发怒时的样子每个人都见到过，眉毛皱起来，脸部肌肉绷紧，非常难看。生活中每个人都会因事情的不顺心而发怒，有的时候还会怒气冲天。虽然发怒是一个人正常情绪的流露，但是如果经常发怒，不仅会给自己带来身心上的疾病，而且会伤害到周围的人——又有谁会愿意整天听你怒吼呢？

怒气的产生，来源于一个人对外部世界的认识、解释和评价，当然，跟一个人的性格也有一定的关系。面对同样的一件事情，有些人非常坦然，有

些人却气得脸红脖子粗。

一般说来，愤怒情绪的发展有几个阶段。刚开始的时候，只是脸部表情上的不愉快、气恼或者低声嘀咕；如果情绪激动的话，愤怒就会加剧，继而浑身发颤、双手抖动，甚至还会失去自控、大怒乃至暴怒，最后还会变成丧失理智的狂怒。富兰克林说得好，愤怒是“起于愚昧，终于悔恨”的。

如果能够了解到愤怒情绪是逐步发展的，就可以测定愤怒时的状况，以便及时地把怒气消灭在萌芽状态；相反，越是升级就越难以控制。

有一个名叫小虎的男孩儿，在他小的时候，脾气特别坏，动不动就会生气。有人稍微碰到他，他就会生气。有谁惹他，他就会大声地骂人，甚至用力地打人，要不然就会放声大哭，仿佛要掀起屋顶盖。每次只要他生气了，大家就会躲得远远的，害怕被“台风尾”扫到。

有一次，他跟弟弟闹别扭，他的牛脾气上来了，气得脸红脖子粗，两手叉腰，一边跺脚一边骂。这时候妈妈静静地走了过来，拿着一面镜子放在他的前头。他看到了自己——眉头紧锁，面容皱皱的，恐怖而好笑，原来生气时是这样的丑啊！从此以后，每次他只要生气就会联想到自己生气的脸，想到自己如此难看，也就不再乱使性子了。

生气是一把难用的刀子，如果没有适当地运用它，很可能会伤害到别人，所以，我们要选对时机去运用它。生气像一场火灾，而心则是灭火器或水，当火灾发生时，我们应尽快压制火苗，而不是让它继续烧下去，毕竟当自己的房子烧起来时，没有人想让它烧下去，大家都是匆忙地拿水或灭火器去灭火。

生气也是短暂地发疯，随时会失掉缘分。当一个人情绪失控，是因为生气这个病毒正在扩大它的范围，要想除掉这个病毒，就不要一直想着别人的过错，也要想想自己的过错，也许这个病毒就不会感染到你了。

希望每个人都可以做到宽容待人，不要为小事争执不休，做更好的自己。

退让是种沟通战术

美国钢铁大王卡内基年幼时，家境贫寒。父母从英国移民美国定居，刚落脚时供养不起卡内基读书，卡内基只能辍学在家。

有一次，别人送给他一只母兔，很快，母兔又生下一窝小兔。这下，卡内基犯了难：因为他买不起豆渣、胡萝卜等饲料来喂养这窝兔崽，他拍脑袋一想，计上心来——请左邻右舍的小孩子都来参观这些活泼可爱的兔娃娃。小朋友大都喜欢小动物，卡内基趁机宣布，谁愿意拿饲料喂养一只兔子，这只兔子就用这个小朋友的名字命名。小朋友齐声欢呼赞同卡内基的“认养协议”。于是，小兔子都有了好听的名字，卡内基担忧的饲料难题也迎刃而解。

童年趣事给卡内基带来有益的启示：人们珍惜爱护自己的名字，而不务虚名者得到巨大的实际利益。他从小职员做起，通过自身顽强努力，成为一家钢铁公司的老板，想不到儿时的情景时不时重现。

为竞标太平洋铁路公司的卧车合约，他与商场老手布尔门的铁路公司掰手腕了，双方为着投标成功，不断削价比拼，结果已跌到无利可图的地步，彼此还咽不下这口气。“冤家路窄”，卡内基在旅馆门口邂逅布尔门，他微笑着伸出手，主动向布尔门招呼说：“我们两家如此恶性竞争，真是两败俱伤啊！”

卡内基接着坦诚地表示：尽释前嫌，合作奋进。布尔门被卡内基的诚挚所感动，气消了一半，不过对合作奋进缺乏兴趣。卡内基对布尔门不肯合作的态度感到纳闷，一再追问原因，布尔门沉默片刻，狡黠地问：“合作的新公司叫什么名字？”哦，布尔门为“谁是老大”处心积虑！卡内基想起儿时养兔子之事，脱口而出：“当然叫‘布尔门卧车公司’啦！”

布尔门简直不敢相信自己的耳朵，而卡内基又明确无误地确认一遍。于

是，冰释前嫌，强强联手，签约成功，双方从中大赚一笔。

历史常常开这样的玩笑，淡泊名利的人反而出了名。现在全世界都知道，“钢铁大王”卡内基，又有几个人知道布尔门？

在前进的条件不成熟或者不具备时，退让是等待时机或创造条件的一种方式。如果强行破阻，可能会使得问题复杂化，而不利于取得实质性的进步。这就是辩证法，更准确地说，是辩证唯物主义。暗含只要能达到目的，手段的方式或形式并非本质，暂时的表象——退让背后隐藏真实的目的——进取。我解释明白了吗？

退一步海阔天空，退让会使一些复杂的问题，因为你的做法来化解到最容易最简单，从而使对方感觉到你的宽宏大量，起到化干戈为玉帛的作用。

做人无疑应该坚守内心的原则，坚守心灵深处的高贵，不能因为屈服于压力或贪图物质利益的享受就轻易妥协甚至出卖自己的良心。然而，在个人的名利或物质利益受到损害或由于个人利益与他人发生矛盾时，如果能大气大量地退让一步，反而是一种大忍之心的体现。古人云：“退一步海阔天空，忍一時风平浪静。”

摒弃虚伪，真诚待人

任何人在世界上都不是孤立存在的，都需要获取别人的信任。你是老师，就要与学生交朋友，帮助他们完成学业；你是老板，就要与职员共渡难关，完成任务；你是领导，就要与群众打成一片，为群众造福……总之，不论你从事什么职业，也不论你在何时何地，都离不开“真诚”二字。

什么是真诚呢？顾名思义，真诚，就是对人亲切诚实，就像你希望别人对你一般，不要对别人说或做你所不愿意接受的。只要以诚相待，你肯定会获得对方的信赖，赢得成功。这是非常宝贵的人生道理。

提奥多·罗斯福是人们喜爱的总统之一，甚至连他的奴仆都喜欢他。他的一位黑人奴仆詹姆斯·阿默斯写了一本名为《提奥多·罗斯福，他仆人的英雄》。现在，我就来讲两个有关他真诚待人的故事吧！有一次，阿默斯太太询问罗斯福关于鹑鸟的故事。她从来没见过鹑鸟，希望罗斯福总统描述一番。罗斯福总统答应了。阿默斯太太回家没多久，电话来了，原来是总统先生打来的。他说，她家窗口外面刚好有一只鹑鸟，如果她向外看，一定会看到。罗斯福总统任期结束后，经常回白宫。有一次，恰巧塔夫脱总统不在，他与旧仆人打招呼，亲切地叫着他们的名字。厨房的亚丽丝告诉他，楼上的人不吃她的面包。“他们的口味太差了！”罗斯福不平地说，“我会告诉总统的。”亚丽丝端出一片面包给他，他一边走一边吃，同时还跟园丁和工人打招呼。

这就是人们喜爱罗斯福总统的原因，怎样使别人喜欢你，这是一个永恒的话题。一个人只要真诚待人，别人也会以诚待你，这样，你就能建立良好的人际关系，为你的事业打下坚实的基础。

人无论做什么都应抱着一种求真的态度，遵循诚实正直的品格。内心不诚挚的人，无论多么善于伪装，最终必将露出真面目。

阿拉伯有个国王，把国家治理得井井有条，就是没有继承人，伤心之余，他打算在全国挑选王子，他的标准很独特，就是给所有想当王子的孩子发一些花的种子，谁能培育出美丽的花，就宣布收谁做王子。结果国王规定的期限到了，许多穿着美丽衣服的孩子们都拥上街头，拿着盛开鲜花的花盆。可国王似乎并不开心。后来国王终于看到了一个拿空花盆的孩子，他竟然宣布这个孩子将被立为王子。“为什么会这样？”大家不解。国王说：“我发下的花种全部是煮过的，根本就不可能发芽开花。”捧着鲜花的孩子全部低下了头，因为他们全部都是换了花种的。

真诚会减少双方猜忌的机会，彼此降低误解的概率。真诚使自己表里如一，不必为再圆谎而辛苦，心情愉快！真诚会维持声望、维护名誉，并保有未来被信任的筹码。

在生活中，我们要待人真诚，因为真诚能拉近人与人之间的距离，能搭起一座友谊之桥，能得到良好的信誉成就一番事业。因此，待人真诚是非常重要的。那么，我们怎样才能做到真诚呢？

首先，要对他人有礼貌。见到他人时打一声招呼，这样会让人感受到你的友好，否则人家就会感到你很冷漠、自傲、不平易近人，这样他们就不愿意接近你，影响你的人际关系。其次，要对他人的错误予以劝告。别人犯错误时，要用和善的语言去劝告并使他改正。这样，别人就会感到你是一个诤友，待人很真诚。最后，他人遇到困难时要伸出援助的双手。俗话说：“患难见真情。”别人会认为你很真挚而喜欢和你交朋友，从而增进你们之间的友谊。

犹太人的做法就给我们一个很好的示范。在20世纪三四十年代，一群犹太人逃到上海谋生。他们肩上背着一叠毛织衣料，到洋行、公司的写字间兜售。他们的耐性极好，无论是被讨厌，被驱赶，总是一块料子一块料子地展示，总是一成一成地让价。即使无人理睬，他们也总是笑脸相迎，鞠躬而去。终于他们在做生意方面取得了举世瞩目的成就。读完后，我们就会感受到，犹太人最后取得的成就与他们真诚待人的准则是分不开的。他们的真诚礼貌感动了人们，也许就是因为耐性极好，笑脸相迎，才让人感到温暖，从而使人愿意买他们的产品。

真诚犹如一杯茶，细细品味，才能品出茶的清香，感受到朋友之间的真挚情谊。如果我们能真诚待人，那这世界将会变得更加美好！

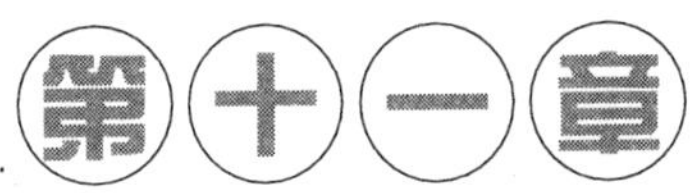

明确自己，不做无头苍蝇

列夫·托尔斯泰曾经说过：“要有生活目标，一辈子的目标，一段时期的目标，一个阶段的目标，一年的目标，一个月的目标，一个星期的目标，一天的目标，一个小时的目标，一分钟的目标。”

一句话，人生要有目标，人活一世奔波的方向就是这个目标。生活的目标和理想要尽量远大，因为生活的目标和理想就是理想的生活。目标于人有多重要？没有目标，新的生活无从开始，奋斗也只能是在原地打转。同时，还要树立正确的目标，一旦树立了不正确的目标就要学会即时纠正，否则就会在“错误”的道路上越走越远。目标的实现需要周密的部署和筹划，因此要将人生最远大的目标详细分解后，立即行动起来，为实现各个目标而奋斗！记住：实现目标需要科学的方法！

用心不专必定一事无成

有一天，一只小猴子下山来。它走到一块玉米地里，看见玉米结得又大又多，非常高兴，就掰了一个，扛着往前走。

小猴子扛着玉米，走到一棵桃树下。它看见满树的桃子又大又红，非常高兴，就扔了玉米去摘桃子。

小猴子捧着几个桃子，走到一片瓜地里。它看见满地的西瓜又大又圆，非常高兴，就扔了桃子去摘西瓜。

小猴子抱着一个大西瓜往回走。走着走着，看见一只小兔蹦蹦跳跳的，真可爱。它非常高兴，就扔了西瓜去追小兔。

小兔跑进树林子，不见了。

小猴子只好空着手回家去。

《孟子》中有一个故事叫《弈秋》，说明的道理是：围棋作为技艺，是一种小小的技艺，如果不专心致志去学就学不好。

弈秋，是全国最好的棋手。如果让弈秋教两个人下棋，一个人专心致志，听从弈秋的教诲；另一个人虽然也在听，但他心里在想着天鹅快要飞来了，想着如何拿弓箭去射它，虽然他也与别人一起在学习，却赶不上别人的学习好。

这个故事和你读过的小猫钓鱼的故事，揭示的是同样的道理。不用心做事，只会让你一无所获。

专注于一件事，就是当你做这件事时，别计划着另一件事；而当你计划着这件事时，也别做着别的事。不管你想或做什么，都应好好地把焦点放在你想或做的事情上。当你和人们谈话的时候，就一心一意地谈话；当你工作的时候，就把心思放在手头的工作上。

专心致志是很多人取得事业成功的一个重要原因，牛顿也不例外。他有一些非常著名的故事，已经传为佳话了。

很多人最常犯的错误就是兴趣太广泛，爱好众多，贪心不足，站在这山望那山高，朝三暮四，浅尝辄止，不停地挖井，一辈子喝不到水。很多才华横溢的人，会的事情太多，所以什么都干，到头来什么都没干成，因为他们既想做这个也想做那个，没有踏踏实实地专注于某一件。电影《阿甘正传》中的阿甘肯定是不够聪明的，但他成功了，就是因为他不会一改再改，而是专注地照着自己的想法去做。

坚持到底必有所获

很多情形下，坚韧比能力的力量更强大。只有你坚持不懈地努力追求，才能更好地发挥才能。一个人即使一无所有，只要他永不言弃，心怀希望，就可能拥有一切。

美国石油大亨约翰·洛克菲勒，标准石油公司的创始人，也是世界上第一位亿万富翁。16 岁时，他为了得到一份“对得起所受教育”的工作，翻开克利夫兰全城的工商企业名录，仔细寻找知名度高的公司。

每天早上 8 点，他离开住处，身穿黑色衣裤和高高的硬领西服，戴上黑领带，去赴新一轮预约面试。他不顾一再被人拒之门外，日复一日地前往——每星期 6 天，一连坚持了 6 个星期。在走遍了全城所有大公司都被拒之门外的情况下，他并没有像很多人想的那样选择放弃，而是“敲开一个月前访问过的第一家公司”，从头再来。

有些公司甚至去了两三次，但谁也不想雇个孩子。可是洛克菲勒越遭遇挫折，决心反而越坚定。1855 年 9 月 26 日上午，他走进一家从事农产品运输代理的公司，老板仔细看了这孩子写的字，然后说：“留下来试试吧!”并让洛克菲勒脱下外衣马上工作，工资的事提也没提。他过了 3 个月才收到了第一笔补发的微薄的报酬。这就是洛克菲勒获得的第一份工作，是他自己都记不清被拒绝多少次后得到的工作。

永远失去父亲的那一年，哈伦德还不足 5 岁，连自己的名字都不会拼写。家里的人哭作一团时，他觉得很好玩，因为一时间没人能顾及他，他可以自由自在地满镇子去疯玩。

14 岁辍学后，他回到印第安那州的农场。上学时他不开心，干农活仍然让他不开心，在电车上售票还是让他不开心，他瘦削的小脸上总是有着与年

龄不相符的沉重与愁苦。

17 岁，他开了一家铁艺铺，生意还未完全做开，就不得不宣告倒闭。

18 岁，他找到生命中第一个爱的码头，并栖身在此。但不久后的一天，他再回家时，发现房子里的东西被搬迁一空，人也不见了踪影，爱情以迅雷不及掩耳之势溜走了，码头从此成荒。

他尝试过卖保险，失败了。他努力争取到一份推销轮胎工作，也失败了。他在几乎清一色的失败中晃到了中年，而直到此时，他还软弱无力到甚至无法从前妻那儿见自己的女儿一次。为了这日思夜想的一次相见，这个落寞的中年男人想到了“绑架”——“绑架”自己的女儿。然而，就连这样的荒唐之举，也在他独自潜伏于草丛中十多小时后宣告失败——确切地说，他放弃了。

这位几乎被判了死刑的人，又晃过了几十年无人知也无人欲知的岁月。在退休之年的一天，他收到 105 美元的社会福利金，然后孤注一掷，用这点儿福利金开了一家想要维持生计的快餐店——肯德基家乡鸡。没人能想到，随后的快餐史便成为一部肯德基史。

而今，他的事业欣欣向荣。而他，也终于在 88 岁高龄时大获成功。

这个在生命的终点开始走向辉煌的人就是哈伦德·山德士，肯德基的创始人。他用他的那一笔社会保险金创办的崭新事业正是闻名于世的肯德基家乡鸡。

莫因幸运而故步自封，莫因厄运而一蹶不振。

真正的成功者总是善于从黑暗中找到光亮，在逆境中找到力量，并发现成功的契机。逆境能打败弱者，也能造就强者。天无绝人之路，奇迹多是在经历磨难和挫折后赐予那些勇敢者的最大奖赏。

其实人生就是一盘棋，而与你对弈的是命运。即使命运在棋盘上占尽了优势，即使你只剩下一炮的残局，你也不要推盘认输，而要笑着面对，坚持与命运对弈下去，因为人生就在坚持中转机，没准就能打它个“闷宫”！

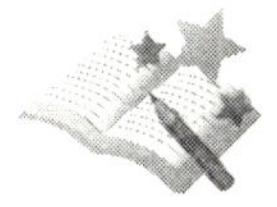

掌握时间和命运的主动权

有一个年轻人，他脸上有一块巨大而丑陋的胎记。紫红的胎记从他脸上竖着划一刀。英俊的脸由于胎记而变得狰狞吓人。但外表的缺陷掩盖不了这个年轻人友善、幽默、积极向上的性格。凡和他打过交道的人，都会不由自主地喜欢上他。他经常参加演讲。刚开始，观众的表情总是惊讶、恐惧，但等他讲完，人人都心悦诚服，场下掌声雷动，每当这时，我都暗暗叹服他的勇气。那块胎记一定曾带给他深深的自卑，并不是每个人都能克服这么严重的心理障碍，在众人惊疑的目光里言谈自如。有人向他提出了藏在心里的疑问："你是怎么应付那块胎记的呢?"言下之意，你是怎么克服那块胎记带给你的尴尬和自卑的？他说："应付？我生来以它为荣呢！很小的时候，我父亲就告诉我：'儿子，你出生前，我向上帝祷告，请他赐给我一个与众不同的孩子，于是上帝给了你特殊的才能，还让天使给你做了一个记号。你的脸上的标记就是天使吻过的痕迹，他这样做是为了让我在人群中一下子就能找到你。当看到你和别的婴儿一起睡在婴儿室时，我立刻知道，你是我的！'"他接着说："小时候，父亲一有机会就给我讲这个故事。所以我对自己的好运气深信不疑。我甚至会为那些脸上没长红色'吻痕'的孩子难过。我当时以为，陌生人的惊讶是出于羡慕。于是我更加积极努力，生怕浪费上帝给我的特殊才能。长大以后，我依然觉得我父亲没有骗我；每个人都会从上帝那儿得到特殊的才能，而每个孩子对父亲来说都是与众不同的。正因为有了这块胎记，我才会不断奋斗，取得今天的成绩，它何尝不是天使的吻痕、幸福的标记呢！"

这位父亲，无疑是最成功最伟大的父亲！他应是我们现在实行欣赏教育的榜样。所有的老师与父母都应向他学习，因为他懂得，积极的心态会造就

积极上向的生活，对于自身的一些缺陷，当自己以积极的角度坦然面对，就是最大的赢家。

李未是一位成功的职场人士。当他的老同学还在为饭碗苦苦挣扎时，他已顺利地完成了由低级白领到高级白领到金领的过渡。事业、金钱、美女，一样不缺，而最让人羡慕的是，这一切似乎他并没有像有些人那样牺牲健康和情趣孜孜以求，而是从容淡定不哼不哈地就尽收囊中了。

有人欲探得其中奥妙，李未说，其实挺简单，换来这份从容的，也就是半小时。

李未说他刚参加工作时，和许多人一样，总觉得手头的事情做不完，业余爱好也丢了，人疲乏得要命，到头来还没落得个好效果。后来有一天，做了一辈子管理工作的父亲对他说："你能不能试一试，每天早出门半小时?"他看了父亲一眼，对父亲的话并未十分理解，但他决定试一试了。

从第二天起，他开始比正常时间早半小时出门。当他走到公共汽车站时，发现等车的人不多，上到车上，又发现有许多空位，比平时惬意多了。而且，由于还没到上班高峰期，路上的交通也没出现堵塞，很快就到了他的目的地。坐在车上时，他就把一天的工作理了个头绪。进到办公室后，同事们还没来，他在空旷的办公室里伸展了一下手脚，而后开始听一段音乐。

当同事们匆匆忙忙地打卡、手忙脚乱地开抽屉时，他的面前已放好了需整理的材料，并泡好了一杯热茶。接下来的工作是有条不紊的。往往不到中午的下班时间，他上午的工作计划就提前完成了。那么在剩下的时间里，他会憧憬一下午餐的丰富内容，并考虑午休时是和男同事们一起打打球呢，还是陪哪位漂亮的女同事去逛逛楼下商店——这些想法的确都让人愉快。

悠闲的午休结束后，下午的工作又开始了。由于早上在车上已有打算，头绪清楚，下午的工作又很顺手。下班铃声响之前，他把一天的工作小结了一下，看看有没有遗漏的或不周到的地方。如有赶快弥补，决不拖到下班后，占用属于自己的享乐时间。这样，到下班时，当有些人还在手忙脚乱地忙乎，另一些人在疲惫不堪地打着哈欠时，他还是那样的神清气爽。没理由不高兴啊！工作完成了，家里还有妈妈做的丰盛晚餐等着，晚上还有好节目呢！

看看，这些好处的获得，只因早出门半小时。李未说他很感谢他的父亲，是父亲教会了他掌握时间和命运的主动权，用半小时换来一世从容。

所以，一定要记住，态度决定一切，命运在自己手中，而不是在别人的嘴里。这个世界上根本不存在“没时间”这回事。如果你跟很多人一样，也是因为“太忙”而没时间完成自己的任务的话，那请你一定记住，在这个世界上还有很多人，他们比你更忙，结果却完成了更多的事情。这些人并没有比你拥有更多的时间。他们只是学会了更好地利用自己的时间而已！有效地利用时间是一种人人都可以掌握的技巧，就像驾驶一样，有效利用时间，不是成为时间的奴隶，而是更容易实现自己的人生目标。

你能否成功，完全取决于你是否能够成功管理自己的时间，把握自己的命运。

不要在目标中迷失

苏格拉底和拉克苏相约到很远很远的地方去游览一座大山。据说，那里风景如画，人们到了那里，会产生一种飘飘欲仙的感觉。

许多年以后，两人相遇了。他们都发现。那座山太遥远太遥远。他们就是走一辈子，也不可能到达那个令人神往的地方。

拉克苏颓丧地说：“我用尽精力奔跑过来，结果什么都不能看到，真太叫人伤心了！”

苏格拉底掸了掸长袍上的灰尘说：“这一路有许许多多美妙的风景，难道你都没有注意到?”

拉克苏一脸的尴尬神色：“我只顾朝着遥远的目标奔跑，哪有心思欣赏沿途的风景啊！”

“那就太遗憾了。”苏格拉底说，“当我们追求一个遥远的目标时，切莫忘记，旅途处处有美景！”

目标太远，会让人迷失；目标太多，也容易让人迷失。

美国一位著名心理学家认为：现代人之所以活得很累，心里很容易产生挫折感和种种焦虑，甚至不快，是因为迷失和被淹没在各种目标中的结果。

现代人常把自己的思绪搞得一团乱，却很少有人进行必要的自我调节。在这种混乱的生活状态中，人的内心渐渐失去平衡，变得没有条理，生活的目的也跟着盲目起来。他们不知道自己所为何来，也不知道自己终将怎样。他们的想法很多，却不知从何着手。他们的思维混乱，长久下去便会产生心理疾病，从而又影响到了健康。人如果总是这样，就没有幸福可言，并会失去最主要的东西，并丢掉眼前的一些机会，变成“为明天而明天”的生活痛苦者。

一般情况下，人对生活的迷失都是所要或所想的太多，而又一时达不到目标造成的。这种想法使很多人不能将精力专注于一项事业，他们总是目标多多，反而错过了许多近在眼前的景色，丢掉了一些可以马上把握的机会。人无法专注，总是做着这件事，又想着那件事，结果什么都做不好。内心的挫折感不断加大，结果只能是脚步匆匆，再也没有宁静。

一个人的精力是有限的，把精力分散在好几件事情上，不是明智的选择，而是不切实际的考虑，因为在通常状况下，这几件事情都不会做得很好。而如果每次我们专心地只做好一件事，精力便能够集中，也必定有所收益。等这件事做完后，再去做下一件事，这样我们每件事就都能够做得很好了。

大凡成功人士，都能专注于一个目标。林肯专心致力于解放黑人奴隶，并因此使自己成为美国最伟大的总统。伊斯特曼致力于生产柯达相机，这为他赚进了数不清的金钱，也为全球数百万人带来了不可言喻的乐趣。

每天都花一点点时间问一下自己的内心：你真正想要的是什么？什么才是你人生中最主要的？慢慢地，你会发现，那些遥远的不切实际的东西都是你行动的累赘，而那些离你最近的事物才是你的快乐所在。把精力集中在最能让你快乐的事情上，别再胡思乱想偏离正确的人生轨道。

只要我们一次只专心地做一件事，全身心地投入并积极地希望它成功，我们就不会感到精疲力竭。不要让我们的思维转到别的事情、别的需要或别的想法上去，专心于我们正在做着的事。选择最重要的事先做，把其他的事放在一边。做得少一点，做得好一点，我们就会得到更多的收获。

选准自己的位置才能更好地发挥

爱因斯坦的父亲和杰克大叔去清扫一个大烟囱。那烟囱只有踩着里边的钢筋踏梯才能上去，于是杰克大叔在前，爱因斯坦的父亲在后，一级一级地爬上去；下来时，杰克大叔依旧在前，爱因斯坦的父亲跟在后面。于是当他们走出烟囱的时候，杰克大叔的后背，脸上全都被烟囱里的烟灰蹭黑了，而爱因斯坦的父亲身上连一点烟灰也没有。

爱因斯坦的父亲看见杰克大叔的模样，心想自己的脸肯定和他的一样脏，于是就到附近的小河里洗了又洗；而杰克大叔看见了爱因斯坦的父亲干干净净的样子，就只草草洗了洗手，然后大模大样地上街了。街上的人笑痛了肚子，还以为杰克大叔是个疯子哩！

这是爱因斯坦 16 岁时，他父亲给他讲的一个自己经历过的故事。父亲说："其实，只有自己才是自己的镜子；如果拿别人做镜子，白痴或许会把自己照成天才的。"父亲的故事照亮了爱因斯坦的一生。爱因斯坦时时用自己做镜子来审视自己，正确认识自己，终于映照出了生命的光辉。

正确认识自己，许多人都这样说过。但是，话好说，做起来却不容易。尤其是日常生活中，当我们遇到一些具体问题的时候，要想做到正确认识自己，可真不是一件容易的事情。一个人如果摆不正自己的位置，好高骛远或妄自菲薄，都不利于个人的发展。

正确认识自己，是兵家的座右铭之一。兵家的另一个座右铭是，正确认识对手。这就是"知己知彼，百战不殆"。也就是说，只有充分了解并掌握敌我双方的兵力部署、火器配备、天时地情、战略目的等，并综合分析判断双方之强弱所在，然后作出扬己之长、克敌之短的正确决策，才能取得成功。如果对自身所处的位置和具备的能力不作客观的分析，或者过高估计自己的

力量，结果以卵击石，就会以失败而告终；或者过低估计自己的能力，畏首畏尾，结果就会使战机丧失。

据说，美国华盛顿的国会图书馆天花板上写有这样一行字："秩序，是天国的第一条法则。"秩序是什么？秩序无非就是人或事物在现实生活中所处的位置。而这种位置的判定，是基于每个人对自身的清醒认识和正确定位。《诗经》中说："宾之初筵，左右秩秩。"意思是说来宾在宴会上按照左左右右的顺序就座，每个人各得其所，规规矩矩对号入座，宴会就显得有秩序。如果没有秩序，宴会就会乱成一锅粥。而要做到有秩序，很重要的一条，就是每个人要明白自己的身份，知道自己应该坐在哪个位置上。不然的话，筵会就不能开始，更不能进行下去。在我国传统文化中，很重要的一条做人做事原则就是讲究秩序。当然，社会发展到了今天，人们的思想随着社会的进步而进步了，有一些旧的传统观念应该予以更新。但有些事物，内容的改变，并不能脱离形式的约束，否则，内容便有可能无所着落。就拿遵守秩序来说，古往今来都是不可或缺的，否则，社会就要大乱。而在整个社会中，一个人总是自觉不自觉地受到各种社会规范的约束。遵守社会的规范，就是遵守社会的秩序。而要做到遵守秩序，很重要的一条，是每个人对自己要有一个清醒而正确的认识。只有清醒地认识自己，正确地认识自己，明白自己的身份，弄清楚自己该做什么，不该做什么，才能把自己应该做的事情做好，才能使整个社会得以有效运转，也才能使自己在与人相处、与事相处时，真实地了解和确切地把握自己所处的位置、角色和能力，才能够明白自己有什么长处从而加以保留并发扬光大，有什么短处从而极力避免，使自己的言行符合角色定位，实现自我完善。

正确认识自己实属不易。《淮南子·原道训》中记载的那个叫蘧伯玉的人，到了 50 岁才知道自己"有四十九年非"。可见，做到正确认识自己是多么的难。不然的话，古希腊戴尔菲神庙入口处就不会刻上那句"认识你自己"的名言了。事实上，现实生活中许多人常常像走在楼梯上一样，抬头看"我低你一级"，回头看"我高你一级"，自觉不自觉地在言行上犯下"老子天下第一"的错误。当然，如果一个人不只是看见自己而看不见别人，善于向别人学习，向实践学习，向书本学习，那么，做到正确认识自己其实也不难。

漫画家蔡志忠 15 岁那年，也就是初中二年级时，就带着投漫画稿赚来的

250 元稿费，到台北画漫画、闯天下。他很快就面临学历的问题，在他打算到以外制电视节目著名的光启社求职时，看到求才广告上“大学相关科系毕业”这项条件，立即就傻眼了，不过他仍旧相信自己的实力，没有理会这项学历限制而参加了应征的行列。结果他击败了另外 29 名应征的大学毕业生，进入了光启社。

以后他在漫画界的表现如异军突起，尤其是“庄子说”、“老子说”系列被译成世界各国文字向国外输出，他也一度成为全台湾纳税额最高的一位作家，他本人也颇以此为荣。

在连初中都没念完的情况下，是什么使他能有勇气立足于我们这个文凭至上的社会呢？他说：“做人最重要的就是要了解自己。有人适合做总统，有人适合扫地。如果适合扫地的人以做总统为人生目标，那只会一生痛苦不堪，受尽挫折。而他，不偏不倚，就是适合做一个漫画家。他从小就知道自己能画，所以才 15 岁就开始画，尽早地画，不停地画，终究能画出自己的一片天空。

蔡志忠的说法也让人想到巴西的世界足球王“黑珍珠”贝利，他曾经说：“我是天生踢球的，就像贝多芬是天生的音乐家一样。”

能够真切地认识自己，是件多么幸运的事啊！但别以为只有那些天才才知道自己的能力，我们周围有许许多多平凡的人物，但是他们做自己喜欢的事，活得自在，活得快乐，这不也是一种成功吗？在现代的社会，快乐的人能有很多。

有这样一位小学老师，她从大学毕业后就想要教书，但是因为不是师范系统的大学毕业生，当时没有找到教书的机会，她便到日本留学，攻读教育硕士学位。刚回国时，一时还找不到教职，她就到一家公司担任日文秘书，很得老板的信任，待遇也相当好，但是她仍不放弃想要教书的意念。后来她去参加小学教师考试，考取后立刻就辞去了秘书的工作。

教书的薪水不如她担任秘书职务时多，周围的朋友不解的是，以她的学历绝对可以去教高中，为什么要去教小学呢？可是她很坚定地说：“我就是因为喜欢小孩子才选择这份工作的呀！”她长得胖胖的，是个很可爱的女孩子。有一回她的一个朋友碰到她，问她近来如何，她马上很兴奋地告诉朋友：“今天刚上过体育课。我也跟小朋友一起爬竹竿，我几乎爬不上去，全班的小朋

友在底下喊：‘老师加油！老师加油！’我终于爬上去了，这是我自己当学生的时候都做不到的事呢！”

这是一个多么快乐、多么能跟小学生打成一片的好老师！而我们可以知道的是，如果她因为薪水或是其他因素而违背自己的愿望，选择做个秘书，或者到年龄层比较高的学校教书，很可能就不会那么快乐了。

选准自己的位置，就要正确认识自己，也就是说要做一个冷静的现实主义者，既知道自己的优势，也知道自己的不足。我们可以憧憬人生，但期望值不能过高，因为在现实中，理想总是会打折扣的。可以迎接挑战，但是必须清楚自己努力的方向。也就是说，人一旦有了自知之明，也就没有什么克服不了的困难，没有什么过不去的难关。

正确认识自己，就要欣赏自己。无论你是一棵参天大树，还是一棵小草，无论你成为一座巍峨的高山，还是一块小小的石头，都是一种天然，都有自己存在的价值。只要你认真地欣赏自己，你就会拥有一个真正的自我。只有自我欣赏才会有信心，一旦拥有了信心也就拥有了抵御一切逆境的动力。

寻找自己的优势所在

在有着悠久造船历史的西班牙港口城市巴塞罗那，有一家著名的造船厂，这家造船厂已经有1000多年的历史。这家造船厂从建厂的那一天就立了一个规矩，所有从造船厂出去的船舶都要造一个小模型留在厂里，并把这只船出厂后的命运刻在模型上。厂里有房间专门用来陈列船舶模型。因为历史悠久，所造船舶的数量不断增加，所以陈列室也逐步扩大，从最初的一间小房子变成了现在造船厂里最宏伟的建筑，里面陈列着将近10万只船舶的模型。

所有走进这个陈列馆的人都会被那些船舶模型所震慑，不是因为船舶模型造型的精致和千姿百态，不是因为感叹造船厂悠久的历史和对于西班牙航海业的卓越贡献，而是因为看到了每一个船舶模型上面雕刻的文字！

有一只名字叫西班牙公主号的船舶模型上雕刻的文字是这样的：本船共计航海50年，其中11次遭遇冰川，6次遭海盗抢掠，9次与另外的船舶相撞，21次发生故障抛锚搁浅。每一个模型上都是这样的文字，详细记录着该船经历的风风雨雨。在陈列馆最里面的一面墙上，是对上千年来造船厂的所有出厂的船舶的概述：造船厂出厂的近10万只船舶当中，有6000只在大海中沉没，有9000只因为受伤严重不能再进行修复航行，有6万只都遭遇过20次以上的大灾难，没有一只船从下海那一天开始没有过受伤的经历……

现在，这家造船厂的船舶陈列馆，早已经突破了原来的意义，它已经成为西班牙最负盛名的旅游景点，成为西班牙人教育后代获取精神力量的象征。

这正是西班牙人汲取智慧的地方：所有船舶，不论用途是什么，只要到大海里航行，就会受伤，就会遭遇灾难。

如果因为遭遇了磨难而怨天尤人，如果因为遭遇了挫折而自暴自弃，如果因为面临逆境而放弃了追求，如果因为受了伤害就一蹶不振，那你就大错

特错了。人生也是这样的，只要你有追求，只要你去做事，就不会一帆风顺。

我们的人生，就像大海里的船舶，只要不停止地航行，就会遭遇风险，没有风平浪静的海洋，没有不受伤的船。

她在公司一待6年，日复一日，年复一年，太阳每天从东方辉煌地升起却没有带给她一丝希望。她依然做着公司底层的内勤工作。她很清楚自己是个其貌不扬的女子，文化程度又不高，人生本不可期望太高，然而她就是不甘心，担心自己会像树叶般无声碾进土里，而后凋腐。自小她喜欢看书，写作，做着文学梦，结果严重的偏科让她从希望的田野跌进了深谷，不但跌碎了她的文学梦还改变了她的人生。但她并没有自暴自弃，生存的压力使她把对文学的痴迷转向专心对待自己的工作。她一边做着自己分内的内勤工作，一边留心同事做业务，以期哪一天在业务上能有出头之日，然而天不遂人愿，6年了公司始终没有给她发展的机会。

星期天，郁闷的她出门散心，正当她无限沮丧时，一家根雕小店吸引了她。各式各样的树根，依形造势，做成各种各样的形状，或动物或植物或人形，造型奇特，形象逼真，煞是可爱。根雕者独具的匠心让她惊叹不已。店里一位老者正聚精会神地打量一个样子非常普通的树根，她随着老者的目光也打量了半天却没看出什么独特之处，就忍不住小心翼翼地对老者说这个树根好像很普通耶!

老者头也不抬继续打量他的树根，好一会儿才面露喜悦之色说等一会儿你就明白了。她不禁好奇地站在那儿想看看老者怎样化腐朽为神奇。只见，老者东刻刻，西削削，不大一会儿工夫，一个美丽奇特的造型就迎风而立，呼之欲出了。她感叹不已。老伯这才抬起头来，看了她一眼微笑着说：“其实每个树根都有它独有的特点和风格，哪怕是普通的树根。关键是要因势利导找出它的独到之处，再加以塑造，让它的独到之处大放异彩，一个独一无二的工艺品就完成了。就像一个人，每个人都有自己的优势和长处，哪怕角色再卑微，只要找到自己这一优势和长处，然后努力地发掘、完善，让它散发出应有的光芒，那么这个人就成功了。老伯的话让她陷入了沉思。她的优势和长处在哪儿呢？仔细想想她虽然生活在商业圈子里，也一直把做业务当成自己的愿望加以学习，但回顾这么多年的经历，她猛然醒悟自己的性格并不适合做业务，而放弃多年的文学梦，才是她内心深处一直割舍不下的最爱。

这一发现让她茅塞顿开、激动不已。

此后她边工作边学习文学知识，并坚持练笔。三年后，她果然在文学上取得了意想不到的成绩并辞职当了专职撰稿人，逐渐走向人生辉煌的巅峰。

奋斗通常是指不屈不挠、勇往直前，然而人的生命毕竟有限，盲目的奋斗不但浪费了生命还难以有所成就。当坚持许久的工作进展不理想时，不妨回过头再想想自己是否适合做这份工作，自己的坚持是否正确。每个人都应充分了解自己，懂得自己的优势，选好了目标再去奋斗。这样才会如鱼得水，事半功倍，在人生的长河中少走弯路。

解放天性，做真实的自己

在所有能飞的动物里，大黄蜂是一个另类。据说，曾经有几位动物学家，一起探讨动物飞翔的原理，得出一致的结论：凡是会飞的动物，其形体构造必须是身躯轻巧而双翼修长的。话音刚落，恰巧数只大黄蜂飞临现场，在座的动物学家见状，顿时面面相觑，一阵尴尬。

于是，他们带着一只大黄蜂标本，前去请教一位物理学家。这位物理学家仔细地揣摩了半天，望着大黄蜂如此肥胖、粗笨的体态再配上一对短小的翅膀，最后也困惑地摇摇头：不可思议。根据流体力学原理，它应该是飞不起来的。

无奈之下，他们又请来了一位社会行为学家，未听完他们的解释，这位社会行为学家就笑了，不无幽默地说——这难道会是一个问题吗？答案很简单呀！奥秘就是：今生，它必须飞起来，否则，大黄蜂只有死路一条。幸亏没有学过生物学，也不懂什么流体力学，否则，大黄蜂可能从此再也不想也不敢飞起来了。

在人生的历程中，经验和学识的确是岁月馈赠给人们的财富，是走向成功的垫脚石，也正因为它是如此的珍贵，我们总难以领悟到：有时候，它也会转化成无形的包袱或绊脚石，让我们在不知不觉中自我设限、故步自封，最终成为重重的“心障”，横亘在眼前，屏蔽了前方更为高远的目标，从而制约和扼杀了自己生命的潜能。

生命是永远值得期待和拥有希望的，它蕴涵着太多可能与无限的潜能。有时候，山重水复疑无路之际，你需要做的，就是向自己突围。

甲去拜会一位事业上颇有成就的朋友，闲聊中谈起了命运。甲问：“这个世界上到底有没有命运？”朋友说：“当然有啊！”甲再问：“命运究竟是怎么

回事？既然命中注定，那奋斗又有什么用？”朋友没有回答甲的问题，但笑着抓起甲的左手，说不妨先看看手相，算算命。朋友给甲讲了一通生命线、爱情线、事业线等诸如此类的话，突然，对甲说：“把手伸好，照我的样子做一个动作。”朋友的动作就是举起左手，慢慢地且越来越紧地抓起拳头。他问：“抓紧了没有？”甲有些迷惑，答道：“抓紧啦！”他又问：“那些命运线在哪里？”甲机械地回答：“在我的手里呀！”他再追问：“请问，命运在哪里？”甲如当头棒喝，恍然大悟：“命运在自己的手里！”朋友很平静地继续说道：别人怎么跟你说，如何给你算，记住，命运在自己的手里，而不是在别人的嘴里！这就是命运。当然，你再看看你自己的拳头，你还会发现你的生命线有一部分还留在外面，没有被抓住，它又能给你什么启示？命运大部分掌握在自己手里，但还有一部分掌握在‘上天’的手里。古往今来，凡成大业者，‘奋斗’的意义就在于用其一生的努力，去换取在‘上天’手里的那一部分‘命运’。”甲静静地坐着，半晌，只觉得心扉如泉流过，命运在自己的手里，而不是在别人的嘴里！

后来，有一位学员跟甲谈到她的恋爱问题，向他求助。她已年届 30 了，还没有男朋友。不过不是没有交过男朋友，而是在她 23 岁那年，有一位传闻很灵的算命先生曾对她说过，她要等到 33 岁才会有婚姻缘。之后，有几次谈朋友的机会，但每到谈婚论嫁的关键时刻，她就想起算命先生的这句话，于是，她就会对自己说：“我要到 33 岁才能结婚，现在结婚也不会长久，与其长痛，还不如早点分手吧！”就这样，长此以往，直到今天，搞得自己精神痛苦不堪。甲想起了这则故事，于是就讲给她听，当然是按照“原版”边讲边做了一遍。过程中，甲发现她的感觉与他当初惊人的相似。完毕，只见她站起来大叫一声：“哎呀，原来我被那该死的算命先生给害了！”说完，他们不约而同哈哈大笑。命运在自己的手里，而不是在别人的嘴里，这个信念几乎改变了甲的一生。

1995 年他就开始讲成功学，做成功训练，那时不知道有多少人给他泼冷水，甚至直接嘲讽说：“你自己都不成功，凭什么教别人如何成功？”他的人生中确实有过不少低潮：曾破产过两次，大学以后，大概做过十几种不同的工作，当过大学教师，做过公务员，做过歌厅串场歌手，当过小画匠，管理过菜场，下过农村，开过餐馆，做过流水线工人，搞过装修，搞过房地产，

当过推销员，因为在珠海创业失利，而来到上海，刚来上海的头两年，五次尝试白手创业均告失败，每当低潮来临，每当再遭挫折，他几乎都会暗暗抓紧自己的左手，暗暗对自己说“命运在自己的手里，而不是在别人的嘴里”。真的，很奇怪，每当他把手抓起来的那一刹那，几乎立即能感觉到内心无限的信心与动力。这一信念一直帮助他走到今天，对他如此重要的东西，相信对你也应该同样有用，不妨试试？

现在就抓住自己的手，对自己的潜意识大声说一句：“命运在自己的手里，而不是在别人的嘴里！”

盲目行动很难实现目标

一个人在摸索自己的人生出路的时候，最糟糕的情况，莫过于行动的盲目性。其危害在于尽管你动了许多脑筋，出了很多力气，却毫无所获。这恰如一个射手，不知道射击的目标在什么地方，就举枪射击一样，他绝对不会有什么好的结果，同时还浪费了子弹。究竟什么东西能引导人不犯盲目行动的错误呢?

亨利·福特去一家加油站给车子加油。加油站的三位小伙子非常热情地把他迎进休息室。其中一位小伙子忙着给他敬烟，沏茶，嘘寒问暖，另一位小伙子手脚麻利地给他擦车洗车，还有一位则忙着为他测量车轮的气压。一番忙碌过后，他们让他把车开走了。

但是刚开出不远，他又把车开回来了。

猜一下，发生了什么事?

原来，车子还没有加油。

加油站的三个小伙子，忙忙碌碌，把其他事情做得非常卖力，井井有条，却偏偏忘了最主要的目的——加油。

在不断遇到干扰的情况下，很多人都会迷失自己最初的目标，转而把注意力投向那些与目标无关的细节。而这种目标的迷失，恰恰是“穷忙族”最容易犯的大忌。

有一位法学院的教授上课时给学生讲了这样一个故事：有三条猎狗追一只土拨鼠，土拨鼠钻进一个树洞，居然从树洞的另一边跑出了一只兔子，兔子飞快地向前跑，并跳上另一棵大树，却在树枝上没站稳，掉了下来，压晕了正仰头看的猎狗，兔子终于逃脱。

故事说完，许多学生提出他们的疑问：

兔子为什么会爬树呢？

一只兔子怎么可能同时压晕三条猎狗呢？

教授说："这些问题都不错，显示了故事的不合理。可是更重要的事情，你们却没问——土拨鼠到哪里去了。"

没有盯住自己的目标，甚至根本就没有目标，必然会使我们在生活中东一榔头西一棒槌，最终混乱不堪。从这个意义上来说，在每一天摆脱"穷忙"与人生的规划，都要求我们确立一个明确的目标，然后不停地告诉自己这个目标在哪里，而不能因为外界的干扰而迷失。

有一家著名企业招人，有许多刚毕业的大学生都来应聘。其中 20 人很幸运地进入复试。监考人员进来说："你们只有 3 分钟时间做完考卷，没做完或者超过时间没交的一律作废。"题目是这样的：

1. 请认真读完考卷。

2. 请在考卷右上角写上您的姓名。

3. 请在姓名下面写下拼音。

4. 请写出 5 位中国科学家。

5. 请写出 5 位外国科学家。

6. 请写出五部中国古典名著。

7. 请写出五部外国古典名著。

8. 请写出五种植物名称。

9. 请写出五种动物名称。

10. 请写出爱迪生的五种发明。

……

只有两三个人在规定时间内交了卷子。当考官宣布考试结束时，其他人都还忙着在卷子上写字。很多人抱怨时间太短，题目又多。考官却笑笑说："你们认真把试卷读完。"

考生们都在认真地读着，直到发现考卷的最后一行写着这样一句话："如果你已经看完了题目，请只做第二题。"

怪谁呢？

只怪你过于忙碌，以致迷失了目标。

我们每天起床后，都会面临一系列新的任务和工作，一个个陌生程度不

同的情境。如果抓不住目标，只有误打误撞，跟着感觉走，难免会感到无助。而如果有一个目标，则可以考察这个环境在目标坐标系中的位置，并且找出通向目标的捷径。

很多“穷忙族”也许并不在乎，因为他们奉行“只问耕耘不问收获”的人生哲学。但问题的关键在于，如果没有一张标出了目的地的地图，我们会发现有无数的兔子从树洞里钻出来，吸引我们去追，却不知道这样忘记了土拨鼠。然而这些努力全是浪费时间，而且越多的努力就意味着越多的浪费。在这种情况下，只问耕耘不问收获的收益是很低的，而成功在于是否按手上的地图向目的地前进。

没有目标的行动像梦游一样。许多人把一些盲目的行动当成人生的方向，但费了九牛二虎之力才发现没有明确的目标，像无头苍蝇一样到处乱窜，哪里都到不了。而在成功者的字典里，永远不会出现“盲目”二字。要攀登人生这一座山峰的更高点，当然必须有实际行动，但是首要的是找到自己的方向和目的地。如果没有明确的目标，更高处只是空中楼阁，可望而不可即。如果我们想使生活有所突破，首先一定要确定这些目的地在哪里。

目标明确让我们有所适从、心有所寄，能指导我们的行动。只有设定了目标，成功之旅才会有奋斗方向，才会让我们有前进的动力，让我们有理由使自己不断前进，不断成长，开创新天地，发挥创造力。

姚明说：“我的目标是成为联盟中最好的中锋，甚至是世界上最好的中锋。”正是有了这个目标，姚明才会不断超越自我，追求进步。目标设定得完美，成功起点的动力就会强劲，成功也就势在必行。姚明在自传中说道：“如果没有王治郅的话，我的事业不会有今天这样的发展，因为从我开始打球的那一天起，目标就是成为像他一样优秀的球员。”

深知自己是什么样的人，清楚自己的需要，有针对性地树立明确的目标，并培育你的动机和热情，朝你心中向往的那个方向前进。这是一种挑战，与其他任何人都无关。你必须像姚明一样自己为自己设定目标，这样你的人生才有意义。

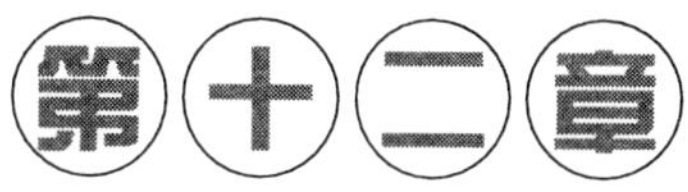

第十二章

发散思维，激发无限潜能

发散思维是指大脑在思维时呈现的一种扩散状态的思维模式。具有这种思维习惯的人在考虑问题时一般会比较灵活，能够从多个角度或多个层次去看问题和寻求解决问题的方法。它表现为思维视野广阔，思维呈现出多维发散状。

发散思维作为一种极具创造力的思维活动，使我们在思维过程中不受任何框框的限制，充分发挥探索力和想象力，从标新立异出发，突破已知领域，无一定方向和范围，从一点向四面八方想开去，然后，再把材料、知识、观念重新组合，以便从已知的领域，去探索未知的境界，从而找出更多更新的可能答案、设想或是解决办法。发散思维可以激发人的无限潜能。

相信自己是“冠军”

我们所说的相信是一种信念，是我们做任何事情所保持的一种积极乐观的态度，是人们赞赏、重视、喜欢自己的一种有益态度。作为青少年，我们要相信自己是世上最伟大的力量，在人生的道路上，只有与此同行，你才有可能更好地生存和发展。

有位哲人说得好：“谁拥有了自信，谁就成功了一半”。居里夫人有一句名言：“我们应该有恒心，尤其要有自信心！”高尔基也指出：“只有满怀自信的人，才能在任何地方都把自信沉浸在生活中，并实现自己的意志。”从古至今，那些成功人士虽然从事不同的职业，有过不同的经历，但有一点是他们所共同的，即对自己充满自信，由此激励自己自爱、自强、自主、自立。

如果你拥有了自信，你就会获得比你梦想的要多得多的成功。

1949 年，一个充满自信的 24 岁的年轻人，走进了美国通用汽车公司，应聘做会计工作，他只是因为听到有人说过“通用汽车公司是一家经营良好的公司”，并建议他去那里看一看。在应试时，他的自信使助理会计检察官印象十分深刻。当时只有一个空缺，而应试员告诉他，那个职位十分艰苦难当，一个新手可能很难应付得来。但他当时只有一个念头，即进入通用汽车公司，展现他足以胜任的能力与超人的规划能力。当应试员在雇用这位年轻人之后，曾经对他的秘书说过这样一句话：“我刚刚雇用一个想成为通用汽车公司董事长的人！”这位年轻人也就是后来从 1981 时出任通用汽车董事长的罗杰·史密斯。

罗杰刚进公司的第一位朋友阿特·韦斯特这样回忆说：“合作的一个月中，罗杰正经地告诉我，他将来要成为通用的总裁。”就是凭着如此高度的自信，注定他要永远朝成功迈进，也是引导他经由财务阶梯登上董事长之位的

法宝。

人的一生，总要面对险峻的高山、湍急的河流，自信就是登山的阶梯，渡水的飞舟。面临如今一座座知识之山、科技之山，只有自信才能自强不息、披荆斩棘，“登临绝顶”而“小天下”。青少年只有拥有自信，才会相信自己有能力实现计划，这种自信会鼓励我们利用坚韧的精神来执行计划，直至成功。

在应试教育盛行的年代，几乎每个学生都有过分班的经历，谁都希望自己能被分到快班或实验班，而每个老师也希望自己能带最优秀的学生。而有的时候，所谓的分班，只不过是校长的一个小计谋——

1960 年，新学年刚开始时，哈佛大学的罗森塔尔博士在加州一所学校做过一个著名的实验。他让校长把三位教师叫进办公室，对他们说：“根据你们过去的教学表现，你们是本校最优秀的老师。因此，我们特意挑选了 100 名全校最聪明的学生组成三个班让你们教。这些学生的智商比其他孩子都高，希望你们能让他们取得更好的成绩。”

三位老师听了很高兴，并表示一定尽力让这些孩子取得更大的进步。校长又叮嘱他们，对待这些孩子，要像平常一样，不要让孩子或孩子的家长知道他们是被特意挑选出来的，更不要让他们知道他们是全校最优秀的，老师们都答应了。

一年之后，这三个班的学生的成绩果然排在整个学区的前列。这时，校长告诉了老师们真相：其实这些学生并不是刻意挑选出来的最优秀的学生，只不过是随机抽调的最普通的学生。老师们得知真相后面面相觑，惊讶得说不出话来，他们无论如何都没有想到事情竟会是这样，于是，他们转而都认为自己的教学水平确实很高。这时校长又告诉了他们另一个真相，那就是，他们也不是被特意挑选出来的全校最优秀的教师，也不过是随机抽调的最普通老师罢了。

这个结果正是博士所料到的：这三位教师都认为自己是最优秀的，而且学生又都是高智商的，因此对教学工作充满了信心，工作自然非常卖力，结果肯定非常好了。

通过以上的成功案例，我们要相信：取得成功，最困难的不是一件事本身，而是我们对这件事所采取的态度。作为青少年，我们要有坚强的意志，

要相信自己，要坚定“天生我材必有用”的意识。在做任何事情以前，如果能够充分肯定自我，那么在努力的过程中就有足够的信心和勇气去克服困难、迎接竞争，这就等于已经成功了一半。所以，当你再次面对挑战时，你不妨告诉自己：我就是最优秀和最聪明的！那么结果肯定是另一种情形，也许那样的结果还是你从来不敢奢望的呢！所以，青少年要时时刻刻警醒自己，自己给自己鼓励，在遇到挑战的时候，大声地说：“我能行！我一定会成功！”

不要形成思维定式

思维定式通常有两种形式：适合思维定式和错觉思维定式。

前者是指人们在思维过程中形成了某种定式，在条件不变时，能迅速地感知现实环境中的事物并作出正确的反应，可促进人们更好地适应环境。后者是指人们由于意识不清或精神活动障碍，对现实环境中的事物感知错误，作出错误解释。

思维定式对问题解决既有积极的一面，也有消极的一面，它容易使我们产生思想上的防性，养成一种呆板、机械、千篇一律的解题习惯。当新旧问题形似质异时，思维的定式往往会使解题者步入误区。

大量事例表明，思维定式确实对问题解决具有较大的负面影响。当一个问题的条件发生质的变化时，思维定式会使解题者墨守成规，难以涌出新思维，作出新决策，从而造成知识和经验的负迁移。

根据唯物辩证法观点，不同的事物之间既有相似性，又有差异性。思维定式所强调的是事物间的相似性和不变性。在问题解决中，它是一种“以不变应万变”的思维策略。所以，当新问题相对于旧问题，是其相似性的主导作用时，由旧问题的求解所形成的思维定式往往有助于新问题的解决。而当新问题相对于旧问题，是其差异性起主导作用时，由旧问题的求解所形成的思维定式则往往有碍于新问题的解决。

阻碍我们去发现、去创造的，仅仅是我们心理上的障碍和思想中的顽石。

从前有一户人家的菜园摆着一颗大石头，宽度大约有 40 厘米，高度有 10 厘米。到菜园的人，不小心就会踢到那一颗大石头，不是跌倒就是擦伤。

儿子问：“爸爸，那颗讨厌的石头，为什么不把它挖走？”

爸爸这么回答：“你说那颗石头喔？从你爷爷那个时代，就一直放到现在

了，它的体积那么大，不知道要挖到什么时候，没事无聊挖石头，不如走路小心一点，还可以训练你的反应能力。”

过了几年，儿子娶了媳妇，当了爸爸。

有一天媳妇气愤地说：“爸爸，菜园那颗大石头，我越看越不顺眼，改天请人搬走好了。”

爸爸回答说：“算了吧！那颗大石头很重的，可以搬走的话在我小时候就搬走了，哪会让它留到现在啊！”

媳妇心底非常不是滋味，那颗大石头不知道让她跌倒多少次了。

有一天早上，媳妇带着锄头和一桶水，将整桶水倒在大石头的四周。

十几分钟以后，媳妇用锄头把大石头四周的泥土搅松。

媳妇早有心理准备，可能要挖一天吧！可没想到几分钟就把石头挖了起来，原来这颗石头没有想象的那么大，都是被那个巨大的外表蒙骗了。

你抱着下坡的想法爬山，便无从爬上山去。如果你的世界沉闷而无望，那是因为你自己沉闷无望。改变你的世界，必先改变你自己的心态。

著名的心算家阿伯特·卡米洛几乎从来没有失算过，然而——

这一天他做表演时，有人上台给他出了道题：“一辆载着 283 名旅客的火车驶进车站，有 87 人下车，65 人上车；下一站又下去 49 人，上来 112 人；再下一站又下去 37 人，上来 96 人；再再下站又下去 74 人，上来 69 人；再再再下一站又下去 17 人，上来 23 人……”

那人刚说完，心算大师便不屑地答道：“小儿科！告诉你，火车上一共还有——”

“不，”那人拦住他说，“我是请您算出火车一共停了多少站口。”

阿伯特·卡米洛呆住了，这组简单的加减法成了他的“滑铁卢”。

真正遭遇“滑铁卢”的失败者拿破仑也有一个故事。

拿破仑被流放到圣赫勒拿岛后，他的一位善于谋略的密友通过秘密方式给他捎来一副用象牙和软玉制成的国际象棋。拿破仑爱不释手，从此一个人默默下起了象棋，打发着寂寞痛苦的时光。象棋被摸光滑了，他的生命也走到了尽头。

拿破仑死后，这副象棋经过多次转手拍卖。后来一个拥有者偶然发现，有一枚棋子的底部居然可以打开，里面塞有一张如何逃出圣赫勒拿岛的详细

计划！

两个故事，两个遗憾。

他们的失败，其实都是败在思维定式上。心算家思考的只是老生常谈的数字，军事家想的只是消遣。他们忽略了数字的“数字”，象棋的“象棋”。由此可见，在自己的思维定式里打转，天才也走不出死胡同。

无数事实证明，伟大的创造、天才的发现，都是从突破思维定式开始的。

潜力要靠自己来激发

对于神奇的生命来说，一切都有可能。风雨的洗礼，历练出了无数的强者。

她从小就“与众不同”，因为患小儿麻痹症，不要说像其他孩子那样欢快地跳跃奔跑，就连平常走路都做不到。寸步难行的她非常悲观和忧郁，当医生教她做一点运动，说这可能对她恢复健康有益时，她就像没有听到一般。随着年龄的增长，她的忧郁和自卑感越来越重，甚至，她拒绝所有人的靠近。但也有个例外，邻居家那个只有一只胳膊的老人却成为她的好伙伴。老人是在一场战争中失去一只胳膊的，老人非常乐观，她非常喜欢听老人讲故事。

这天，她被老人用轮椅推着去附近的一所幼儿园，操场上孩子们动听的歌声吸引了他们。当一首歌唱完，老人说道：“我们为他们鼓掌吧！”她吃惊地看着老人，问道：“我的胳膊动不了，你只有一只胳膊，怎么鼓掌啊?”老人对她笑了笑，解开衬衣扣子，露出胸膛，用手掌拍起了胸膛……

那是一个初春，风中还有几分寒意，但她突然感觉自己的身体里涌动起一股暖流。老人对她笑了笑，说：“只要努力，一只巴掌一样可以拍响。你一样能站起来的！”

那天晚上，她让父亲写了一张字条，贴到了墙上，上面是这样的一行字：一只巴掌也能拍响。从那之后，她开始配合医生做运动。无论多么艰难和痛苦，她都咬牙坚持着。有一点进步了，她又以更大的受苦姿态，来求更大的进步。甚至在父母不在时，她自己扔开支架，试着走路。蜕变的痛苦是牵扯到筋骨的。她坚持着，她相信自己能够像其他孩子一样行走、奔跑。她要行走，她要奔跑……

11 岁时，她终于扔掉支架，她又向另一个更高的目标努力着，她开始练

习打篮球和参加田径运动。

1960 年罗马奥运会女子 100 米跑决赛，当她以 11 秒 18 第一个撞线后，掌声雷动，人们都站起来为她喝彩，齐声欢呼着这个美国黑人的名字：威尔玛·鲁道夫。

那一届奥运会上，威尔玛·鲁道夫成为当时世界上跑得最快的女人，她共摘取了 3 枚金牌，也是第一个黑人奥运女子百米冠军。

哪怕只剩下一只胳膊，也可以鼓掌；哪怕残疾得不能行走，也可以拿百米冠军。你有什么理由告诉自己不可能完成这项任务？

在美国的一个小酒吧里，一位年轻小伙子正在用心地弹奏钢琴。说实话，他弹得相当不错，每天晚上都有不少人慕名而来，认真倾听他的弹奏。一天晚上，一位中年顾客听了几首曲子后，对那个小伙子说："我每天来听你弹奏这些曲子，你弹奏的那些曲子我熟悉得简直不能忍受了，你不如唱首歌给我们听吧！"这位顾客的提议获得了不少人的赞同，大家纷纷要求小伙子唱歌。

然而，那个小伙子面对大家的请求却变得腼腆起来，他抱歉地对大家说："非常对不起，我从小就开始学习弹奏乐器，从来没有学习过唱歌。我长年累月地坐在这里弹琴，恐怕会唱得很难听。"那位中年顾客却鼓励他说："小伙子，正因为你从来没有唱过歌，或许连你自己都不知道你是个歌唱天才呢！"此时酒吧的经理也出来鼓励他，免得他扫了大家的兴。

小伙子认为大家想看他出丑，于是坚持说只会弹琴，不会唱歌。酒吧老板说："你要么选择唱歌，要么另谋出路。"小伙子被逼无奈，只好红着脸唱了一曲《蒙娜丽莎》。哪知道他不唱则已，一唱惊人，大家都被他那流畅自然、男人味十足的唱腔迷住了。在大家的鼓励下，那个小伙子放弃了弹奏乐器的艺人生涯，开始向流行歌坛进军。这个小伙子后来居然成为了美国著名的爵士歌王，他就是著名的歌手纳京高。

要不是那次偶然的开口一唱，纳京高可能永远坐在酒吧里做一个三流的演奏者。其实，我们每个人从事的事业不一定就是最适合我们的工作。我们熟悉了一项工作之后，往往害怕变化，于是我们就在时光的流逝中失去了自己真正的才华。开阔视野，多去尝试一下，或许你会在别的领域做得更好。

100 多年前，有人试图在 4 分钟内跑完 1 英里的路程，为了实现这个前无古人的宏伟目标，人们绞尽脑汁，甚至异想天开，先让运动员喝老虎的奶

水，以强身健体，然后又让凶猛的狮子在后面追赶运动员，以激发潜力，结果全都失败了。后来，有专家得出了“科学”结论：因为人体生理结构的限制，人类根本无法达到这种速度。于是人们最终断言，人要想在 4 分钟内跑完 1 英里路程是绝对不可能的。有个叫罗杰的年轻人偏偏不信，刻苦训练，默默地向极限发起冲击，一年之后，“绝不可能的事情”发生了——罗杰在 4 分钟内跑完了 1 英里。随后，这一纪录又多次被后来者刷新。

我们要有颗永不满足的心，尽最大的可能激发自己的潜力，实现自己的理想。

不要因成绩差而苦恼

几年前，美国普林斯顿大学的华裔科学家钱卓，在一些做实验用的老鼠中加入额外的 NR2B 基因，培育出一种比普通老鼠更聪明的转基因鼠。与其他老鼠所做的对照实验表明，在学习和记忆力方面，转基因鼠大大超过了普通鼠。

这一研究成果马上引起了轰动。

有人预测，如果把这样的手段运用到人身上，就可能使人更聪明，智商更高，社会适应能力更强。然而，很快人们就开始庆幸没有仓促地把这个梦想变成现实。因为研究发现，转基因鼠变得聪明后，它们也付出了非常“痛苦”的生理代价。

研究人员把甲醛溶液注射到“聪明鼠”和“普通鼠”的爪子里，在一个小时内，两组小鼠舔爪子的次数差不多，即表明两组鼠的疼痛感觉差不多；但随着时间的延续，“聪明鼠”舔爪子的次数逐渐多起来，明显超过“普通鼠”。这说明“聪明鼠”对慢性疼痛的耐受力显然要比“普通鼠”差。

正所谓成也萧何，败也萧何。因为“聪明鼠”体内添加了 NR2B 基因，这个基因能控制一种叫做 NMDA 的受体，后者能激活神经，帮助记忆和学习，使其变得更聪明；但同样是由于 NMDA 受体的作用，“聪明鼠”对疼痛和伤害更为敏感。

由此可以想到我们人类自己。过于聪明对我们来说可能不是什么好事，当不幸降临到头上时，你会变得更加敏感，更加难以承受。而很多时候普通人习以为常的事情，你却无法容忍。那种“众人皆醉我独醒”的感受，历史上的很多哲学家都曾经体会过，因此他们常常会显得疯疯癫癫，一生的命运往往也非常悲惨。也许这就是聪明人的悲哀。

事物都有两面性，优点本身也是有瑕疵的，缺点也未必就代表你不行。青少年在学习上，不要因成绩差而苦恼。

老师经常说“分、分、分，学生的命根”，这让很多同学很烦恼，一项调查显示，学习压力大是未成年人最苦恼的事情。绝大多数学生烦恼的主要原因是考试成绩不好后父母责怪、老师批评以及和同学发生矛盾。

一名初三的学生心中充满了苦恼，我们来听一下他的诉说：

我叫晓飞，是一名初三学生。我有一个很大的烦恼，我常常为自己的学习成绩而闷闷不乐。

我的语文、英语成绩在班里还可以，但数学成绩就差了，这次考试，我考了很低的分！我难过极了。我也想学习好，但数学总是考不好，我该怎么做呢？老师对我也不好，爸妈对我期望又太高。我身上的压力太大，负担太重，我无法面对老师的冷落，无法面对同学们的闲言碎语，更无法面对我自己……

我对不起爸妈为我交的高额学费，我辜负了他们。我亲眼目睹过爸妈挣钱的辛苦，这都是为了让我读一所好的中学，而我……再不为他们争口气，我真的对不起他们！

我又何尝不愿让自己学习好呢？我也想成为一个被亲朋好友视为“好学生”，被老师、同学们重视尊重的“尖子生”。我努力！我奋进！但我的学习成绩总是上不去。似乎前面的努力都是毫无意义的徒劳，似乎我已经是不可救药的。

全班的优秀率里，没有我，我自卑！我彷徨！我已经找不到属于我自己的路。我似乎已被所有人遗忘在这世界的角落里……

可以看出，在晓飞的生活里，学习成绩是衡量你优秀与否的很重要的标准。成绩好，就证明自己行，成绩落后，就被很多人忽视、小瞧。可是，学习成绩差，是不是就一无是处了呢？学习成绩诚然很重要，它关系到升学、就业。然而，从人生的角度着眼，学习成绩并不能决定人的一切，尤其是生命的价值。从他的字里行间，我们能强烈地感受到，他很爱他的爸妈，很体谅他们，所以他才会因为学习成绩不好、觉得对不起他们而愧疚万分。其实，能为别人着想，体谅别人，这就是晓飞一个非常难得而宝贵的品质。

“快乐足球”，是著名足球教练米卢的一个非常有趣的观点。他希望自己

的队员把踢足球当成一件快乐的事，从心底热爱足球。把踢足球当成一件好玩的事情来做，当队员们把“踢足球”看做自己的最终目标和快乐源泉时，就会焕发百倍的热情，全身心投入足球训练中。这也是“学习”的最高境界！当晓飞因学习而自责、苦恼的时候，学习在他眼中一定是一件非常乏味、枯燥的事。

“兴趣是最好的老师”，这是一句老话，可是对于解答“聪明孩子却学习欠佳”这类问题，却是常青的。对晓飞来说，调动学习的热情是很重要的。也许他在学习上受到过挫折，以致对学习产生了畏惧、排斥心理。但是要知道，刚出笼的肉包子烫了嘴，毕竟还是非常好吃的肉包子呀！学习也是如此道理。

许多成功的学习者，都有两个秘诀：节约时间和有效地利用时间。他们在学习上都很有计划性，学习、娱乐两不误。学习时投入地学，游戏时同样也投入地玩，不分心，不三心二意，所以做什么事都能把心沉浸其中，不仅利于收获知识，也利于收获快乐。

一位优秀的男孩告诉我他的学习经验：“我特别重视课堂上 45 分钟的学习，这是效率最高的时候。耳朵打开来（认真听）、嘴巴动起来（积极回答问题）、脑筋转起来（积极思考）。这三样都动起来，不专心都不可能了。”

晓飞的语文和英语成绩都很好，这些都是优势。要学会给自己加油，同时也要给自己减压！

我们的生活充满了七色阳光，但即使是在阳光普照的时候，也难免出现短暂的阴云。成长中的少年，会有一些挥之不去的烦恼。这些烦恼来自生活，来自学习，来自于同学的交往……但是，有烦恼并不可怕，关键是要正确对待它。从现在起，让我们一起清理烦恼、消除烦恼，带着多彩的梦走向成熟。

一个孩子能否成才，要看各方面的综合素质。考试分数高的孩子并不表示他们将来走上社会也一定会成才，而考试成绩不好的孩子更不表明他们将来会一事无成。除了分数，孩子身上还有很多值得我们关注的地方，孩子的品德修养、性情习惯以及解决问题的能力，都会影响孩子的一生。未来的社会越来越需要有能力的人才，父母一定要注重培养孩子各方面的能力。

苏霍姆林斯基也曾说过：“一些人将成为科学家、思想家、艺术家，另一些人将成为工程师、技师、医生、教师，又有些人将成为钳工、车工、农业

机械师，因此，应开发每一个人的天赋和才能，使每一个学生步入社会后都能成为栋梁之才”，这是一种多元的人才观，更是一种理性。所以，我们大可不必看重“分数”，“分数”并不一定导致成功，我们需要坦然地看待一切，只要努力了，为自己的理想拼搏了，就不必为成绩差而苦恼。

分数并不能决定一个人的人生，每个人都有自己成功的方式，关键在于坚信自己！

此路不通，换条路试试

美国康奈尔大学的威克教授曾做过一个实验：把几只蜜蜂放进一个平放的瓶子中，瓶底向着有光的一方，瓶口敞开。但见蜜蜂们向着有光亮处不断飞动，不断撞在瓶壁上。最后当他们明白，自己永远都飞不出这个瓶底时，就不愿再浪费力气，它们停在有光亮的一面，奄奄一息。

威克教授于是倒出蜜蜂，把瓶子按原样放好，再放入几只苍蝇。不到几分钟，所有的苍蝇都飞出去了。原因很简单，苍蝇们并不朝着一个固定的方向飞行，它们会多方尝试，向上、向下、向光、背光，一方不通就立刻改变方向，虽然免不多次碰壁，但它们最终会飞向瓶颈，并顺着瓶口飞出。它们用自己的不懈努力改变了像蜜蜂那样的命运。

威克教授于是总结出一个观点：横冲直撞总比一条路跑到黑要高明得多。成功并没有什么秘诀，就是在行动中尝试、改变、再变、再尝试……直到成功。有的人成功了，只因为他比我们犯的错误、遭受的失败更多。

困境即是赐予，一个障碍，就是一个新的已知条件，只要愿意，任何一个障碍，都会成为一个超越自我的契机。

有一天，素有森林之王之称的狮子来到了天神面前："我很感谢你赐给我如此雄壮威武的体格、如此强大无比的力气，让我有足够的能力统治这整个森林。"天神听了，微笑地问："但是这不是你今天来找我的目的吧！看起来你似乎为了某事而困扰呢！"

狮子轻轻吼了一声，说："天神真是了解我啊！我今天来的确是有事相求。因为尽管我的能力再好，但是每天鸡鸣的时候，我总是会被鸡鸣声给吓醒。神啊！祈求您，再赐给我一份力量，让我不再被鸡鸣声给吓醒吧！"

天神笑道："你去找大象吧！它会给你一个满意的答复的。"

狮子兴冲冲地跑到湖边找大象，还没见到大象，就听到大象跺脚所发出的“砰砰”响声。

狮子加速地跑向大象，却看到大象正气呼呼地直跺脚。

狮子问大象：“你干吗发这么大的脾气？”

大象拼命摇晃着大耳朵，吼着：“有只讨厌的小蚊子，总想钻进我的耳朵里，害我都快痒死了。”

狮子离开了大象，心里暗自想着：“原来体型这么巨大的大象，还会怕那么瘦小的蚊子，那我还有什么好抱怨呢？毕竟鸡鸣也不过一天一次，而蚊子却是无时无刻地骚扰着大象。这样想来，我可比他幸运多了。”

狮子一边走，一边回头看着仍在跺脚的大象，心想：“天神要我来看看大象的情况，应该就是想告诉我，谁都会遇上麻烦事，而它并无法帮助所有人。既然如此，那我只好靠自己了！反正以后只要鸡鸣时，我就当做鸡是在提醒我该起床了，如此一想，鸡鸣声对我还算是有益处呢！”

在人生的路上，无论我们走得多么顺利，但只要稍微遇上一些不顺的事，就会习惯性地抱怨老天亏待我们，进而祈求老天赐给我们更多的力量，帮助我们渡过难关。但实际上，老天是最公平的，就像它对狮子和大象一样，每个困境都有其存在的正面价值。

不要硬逼着自己去选择，有时成功不了，放弃反而是另一种收获。有一个在金融界工作的朋友，立志要读中国人民银行总行的研究生。三大部《中国金融史》几乎被他翻烂了，可是连考数年都未考中。然而，在这期间不断有朋友拿一些古钱向他请教，起初他还能细心解释，不厌其烦。后来，问的人实在太多了，他索性编了一册《中国历代钱币说明》。一是为了巩固所学的知识，一是为了给朋友提供方便。是年，他依旧没有考上研究生。但是，他的那册《中国历代钱币说明》却被一位书商看中，第一次就印了一万册，当年销售一空。现在这位朋友已经是中产阶级了。日常生活中，我们总是喜欢朝着自己既定的目标奋力拼搏，但并不是每个人的愿望和理想都能实现。那些搏击一世却未获得成功的人，会不会是因为他生命中真正精华的部分被自以为“不是最好的”，而从未得以展示呢？李宇明是华中师大的年轻教授，刚结婚不久，妻子就因为患类风湿性关节炎成了卧床不起的病人。生下女儿后，妻子的病情又加重了。面对常年卧床的妻子、刚刚降生的女儿、还没开头的

事业，李宇明矛盾重重，一天，他突然想到，能不能把自己的研究方向定在儿童语言的研究上呢？从此，妻子成了最佳合作伙伴，刚出生的女儿则成了最好的研究对象。家里处处都是小纸片和铅笔头，女儿一发音，他们立刻做最原始的记载，同时每周一次用录音带录下文字难以描摹的声音。就这样坚持了6年，到女儿上学时，他和妻子开创一项世界纪录：掌握了从出生到6岁之间儿童语言发展的原始资料，而国外此项纪录最长的只到3岁。1991年，李宇明的《汉族儿童间句系统控微》的出版，在国内外文字语言界引起了震动。

失之东隅，收之桑榆。成功的路径不止一个，不要循规蹈矩，更不要放弃成功的信心，此路不通，就该换条路试试。

成功并不像你想象的那么难

并不是因为事情难我们不敢做，而是因为我们不敢做事情才难的。

1965年，一位韩国学生到剑桥大学主修心理学。在喝下午茶的时候，他常到学校的咖啡厅或茶座听一些成功人士聊天。这些成功人士包括诺贝尔奖获得者，某一些领域的学术权威和一些创造了经济神话的人，这些人幽默风趣，举重若轻，把自己的成功都看得非常自然和顺理成章。时间长了，他发现，在国内时，他被一些成功人士欺骗了。那些人为了让正在创业的人知难而退，普遍把自己的创业艰辛夸大了，也就是说，他们在用自己的成功经历吓唬那些还没有取得成功的人。作为心理系的学生，他认为很有必要对韩国成功人士的心态加以研究。1970年，他把《成功并不像你想象的那么难》作为毕业论文，提交给现代经济心理学的创始人威尔·布雷登教授。布雷登教授读后，大为惊喜，他认为这是个新发现，这种现象虽然在东方甚至在世界各地普遍存在，但此前还没有一个人大胆地提出来并加以研究。惊喜之余，他写信给他的剑桥校友——当时正坐在韩国政坛第一把交椅上的人——朴正熙。他在信中说："我不敢说这部著作对你有多大的帮助，但我敢肯定它比你的任何一个政令都能产生震动。"

后来这本书果然伴随着韩国的经济起飞了。这本书鼓舞了许多人，因为他们从一个新的角度告诉人们，成功与"劳其筋骨，饿其体肤"、"三更灯火五更鸡"、"头悬梁，锥刺股"没有必然的联系。只要你对某一事业感兴趣，长久地坚持下去就会成功，因为上帝赋予你的时间和智慧够你圆满做完一件事情。后来，这位青年也获得了成功，他成了韩国泛业汽车公司的总裁。

上帝把两群羊放在草原上，一群在南，一群在北。上帝还给羊群找了两种天敌：一种是老虎，一种是狼。

上帝对羊群说："如果你们要狼，就给一只，任它随意咬你们；如果你们要老虎，就给两只，你们可以在两只老虎中任选一只，还可以随时更换。"南边那群羊想，老虎比狼凶猛得多。于是，它们就要了一只狼。北边那群羊想，老虎虽然凶猛，但我们有选择权。于是，它们就要了两只老虎。

狼进了南边的羊群后，就开始吃羊。狼身体小，食量也小，一只羊够它吃几天了。这样羊群几天才被追杀一次。北边那群羊挑选了一只老虎，另一只则留在上帝那里。这只老虎进入羊群后，也开始吃羊。老虎不但比狼凶猛，而且食量惊人，每天都要吃一只羊。这样羊群就天天都要被追杀，惊恐万状。羊群赶紧请上帝换一只老虎。不料，上帝保管的那只老虎一直没有吃东西，正饥饿难耐，它扑进羊群，比前面那只老虎咬得更疯狂。羊群一天到晚只是逃命，连草都快吃不成了。

北边的羊群只好把两只老虎不断更换。可两只老虎同样凶残，换哪一只都比南边的羊群悲惨得多，它们索性不换了，让一只老虎吃得膘肥体壮，另一只老虎则饿得精瘦。眼看那只瘦老虎快要饿死了，羊群才请上帝换一只。

这只瘦老虎经过长久的饥饿后，慢慢悟出了一个道理：自己虽然凶猛异常，一百只羊都不是对手，可是自己的命运是操纵在羊群手里的。羊群随时可以把自己送回上帝那里，让自己饱受饥饿的煎熬，甚至有可能饿死。想通这个道理后，瘦老虎就对羊群特别客气，只吃死羊和病羊，凡是健康的羊它都不吃了。

羊群喜出望外，有几只小羊提议干脆固定要瘦老虎，不要那只肥老虎了。一只老羊提醒说："瘦老虎是怕我们送它回上帝那里挨饿，才对我们这么好。万一肥老虎饿死了，我们没有了选择的余地，瘦老虎很快就会恢复凶残本性的。"众羊觉得老羊说得有理，为了不让另一只老虎饿死，它们赶紧把它换回来。

原先膘肥体壮的那只老虎，已经饿得只剩下皮包骨头了，并且也懂得了自己的命运是操纵在羊群手里的道理。为了能在草原上待久一点，它竟百般讨好起羊群来。而那只被送交给上帝的老虎，则难过得流下了眼泪。

北边的羊群在经历了重重磨难之后，终于过上了自由自在的生活。

南边那群羊的处境却越来越悲惨了，那只狼因为没有竞争对手，羊群又无法更换它，它就胡作非为，每天都咬死几十只羊，但这只狼早已不吃羊肉

了，它只喝羊心里的血。它还不准羊叫，哪只叫就立刻咬死哪只。南边的羊只能在心中哀叹：“早知道这样，还不如要两只老虎。”

不要以为自恃强大，就可以无所顾忌；不要以为人微言轻，就注定无所作为。命运的把握，其实不分强弱，而在于对形势准确地分析，以及对资源巧妙地利用。

不要遏制自己的想象力

想象是一种能力，是大脑中已有的旧联系经过重新组合构成新的联系的过程。

想象是以大脑记忆中已储存的某些形象为基础，经过分析与综合加工，再创造出新的事物形象。想象经常与联想相结合，由一事物想到另一事物。由现在感知到的事物想到尚未出现的事物。所谓“举一反三”，指的就是想象和联想。如当看到冰河，想到了有一天会解冻，从而联想到春暖花开、万物复苏的景象；农民从春耕可能想到秋天的丰收，这些都是简单的想象与联想。想象是一种特殊的思想活动。在同龄人中，一个人有无丰富的想象力，常常被看做能否获得创造性成果的重要因素。有无想象力是智力水平高低的表现。爱因斯坦曾经说过：“丰富的想象力有时比知识更重要，因为知识是有限的，而想象力概括着世界上的一切，推动着世界的进步，并且是知识进化的源泉。严格地说，想象力是科学研究中的实在因素。”人们在鼓励青年人去完成一项重要任务或解决重大疑难问题的时候，总是让其树立起敢于想象、善于想象的意念；当他们因此而获得某些突破或成功时，人们总是把他们那种丰富的想象力视作智慧的表现。可见，想象力与智力有着必然的内在联系。

想象虽然是大脑的功能，但是想象能力主要来自后天的培养，特别是儿童的早期培养教育。当孩子具备了语言和运动能力（3～5 岁）时，就开始逐渐地与外界接触，对大自然的各种现象常常产生浓厚的兴趣，并经常向大人问这问那，一些在大人看来很平常的事情，对他们却有巨大的吸引力，这正是儿童想象力发展的表现。在整个儿童时期，作为育儿者，不能把孩子的询问当成闲事而置之不理，而要不失时机地解答询问，鼓励孩子多问，并且要设法给孩子出题目去想去问，千万记住不要有厌烦的表示；而应当及时地给

以启发诱导，以促使其想象力不断地发育成长。即使长大成人之后，想象力作为一种创造性的思维活动，都应当随时启动和应用，使其永远保持应有的生命力，这是一个人能否获得创造性思维活动的基础。人类无数伟大的进步却是来自于最初大胆的想象，一个人也是如此，没有丰富的想象，就难以创造出惊人的奇迹。

波特的父亲，只是个小建筑商，受的教育也不多，知识有限，经常被孩子问得张口结舌。但是，他并没有因此而对儿子显示出任何的不耐烦，而是更加细心地呵护儿子的好奇心。

波特从小就有强烈的好奇心，对各种奇怪的现象都喜欢追根究底，一天到晚有数不清楚的问题。他还喜欢动手，喜欢做同龄孩子做不到的、具有挑战性的事情。父亲所拥有的知识远远不足以回答波特的问题，于是他就买了许多科普书籍和波特一起从书中寻找问题的答案。波特对纸上谈兵还不满足，父亲就为儿子买来一些工具和材料，让他尽情地做科学小实验和科技制作。开始时，波特经常在家里的厨房做实验，一不小心就弄得乱七八糟甚至乌烟瘴气。母亲对此很不高兴，经常责备波特，好在父亲总是出来解围，后来还特意为他在院子里搭建了一个小棚子，作为儿子的实验室和制作车间。

为了让波特自己主动地去寻找需要的资料和自己解答心中的问题，父亲还告诉他，图书馆里有很多有趣的书。波特非常高兴，做完实验后一有空就去图书馆里看书。

波特根据自己的经历总结说，5 岁以前的儿童都是天生的科学家。因为好奇是人类与生俱来的天性，他们用与大人们完全不同的视角看待周围的世界，喜欢刨根问底，并且极其富有想象力，而这些恰恰是真正的科学家必备的素质。所以，他的父亲正是通过精心呵护，让“天生的科学家”成长为真正的科学家。

好奇心是我们的天性，也是他们敢于探索未知、敢于创新的动力，因此，不要抑制自己的好奇心尤为重要。我们应该对别人的提问、质疑，给予鼓励和支持，尽量满足自己的好奇心和求知欲。

做错的原因不是笨，而是不适合

一个男孩，上小学四年级时，随父母来到了河南“五七”干校，在“五七”干校的子弟学校读书。一天，语文老师布置了一篇命题作文，题为《早起的鸟儿有虫吃》，13 岁的他“改”了标题，写了一篇叫《早起的虫子被鸟吃》的文章。于是，他和老师围绕这个命题展开了激烈的争论。老师让他当着班上同学的面说 100 遍“我是最没出息的人”。男孩委屈极了，他的委屈变成了愤怒的喷发，结果他被学校开除了。

1977 年，恢复高考，许多人想通过高考改变自己的命运。然而，他记忆力不好，不擅长考试，成了“负状元”，名落孙山，当了一名工人。后来，他恋爱了，但女友的父母认为女儿必须嫁一个知识分子，好出人头地。于是女友便离他而去。他又一次委屈极了，而且痛苦不堪，一周内瘦了 10 公斤！上天好像就是这样捉弄着他。

那时他产生了一个在那个时代看似“不走寻常路”想法，开始寻找一条不上大学也能出人头地的道理。他想起自己小时候作文还不错，于是决定写作，写童话。未承想，他写的童话孩子们很喜欢。他就不停地写呀写呀，这一写就是 20 年，写了 1000 万字的童话。他就是中国童话大王“皮皮鲁”之父郑渊洁。

可见，如果你遭遇了挫折，不见得就是笨，也许只是不适合。